時間は逆戻りするのか

宇宙から量子まで、可能性のすべて

高水裕一

ブルーバックス

カバー装幀　芦澤泰偉・児崎雅淑
カバーイラスト　出口敦史
本文デザイン　齋藤ひさの
本文図版　さくら工芸社

はじめに

みなさんにも、こんな経験があるのではないでしょうか。

忙しい日常をふと離れて、一人で立ち止まってこれまでの人生を振り返ったとき、「あのとき、ああしていればどうだったかなあ」と、自分が〝何かをしなかったこと〟について思いをめぐらせてしまうことが。

個人的には、何かをやらずに後悔するよりも、やるだけやって後悔したほうが、人生が豊かになる確率は高い気がします。

しかし、人生の転換点であなたが自分で決断し、自分が実行したと思っていることが、じつは、そうではなかったとしたらどうでしょうか。あなたの決断によって起こったはずのできごとが、じつはあなたの決断より先に起こっていたとしたら。


私たちの思考の奥底には、過去に起こったことが原因で現在に至り、その現在が、さらにまだ決定されていない未来をつくるという過去から未来への「時間の流れ」が厳然として存在しています。「因果応報」という言葉も、そこからきています。

しかし、もしも逆に、未来から現在、そして過去へと戻る時間の流れもあったとしたらどうでしょう。

想像してみてください。あなたは喫茶店に入って席に座り、ジュースを注文し、出てきたジュースを飲みほしたとします。この一連の行動は、時間が逆に進む世界ではどうなるでしょう。

まず初めにあるのは「おいしかったぁ」という感覚です。次に、ジュースがコップに戻っていき、どんどんコップが満たされていきます。そのあとあなたはジュースを注文し、席を立ち、後ろ向きに外へ出ていく……。

このように時間が逆戻りする世界があると言ったら、とんでもない嘘つき、あるいはSFか、スピリチュアルなお話としか思われないでしょう。

しかしじつは、科学の最前線では、このような現象が実際に起きている現場があるのです。

2019年に量子コンピュータを用いた実験で、ロシア・アメリカ・スイスの共同チームが「時間が逆転する現象」を初めてとらえることに成功しました。また、イタリアの理論物理学者ロヴェッリは、最先端の物理理論を提唱して、時間という概念の存在さえも問い直しています。

この本では、こうした話題もふまえて、みなさんと一緒に「時間を逆に進む世界はあるのか」「そもそも時間とは何か」ということに考えをめぐらせたいと思っています。すっきりした結論が出ない話や、科学的実証ができていないものも多々ありますが、存分に脳を混乱させて、悩みながら、時間について考えていただく機会を提供できればと考えています。

私の専門は、宇宙論です。宇宙では、常識を超えたこと、想像を超えたことが、あたりまえのように起こっているのをしばしば目のあたりにします。宇宙とは、まさに何でもありと言えるほど可能性にあふれた世界です。

「人類がいま描いている夢は、すでに宇宙のどこかで実現されている」

そう感じずにはいられないのです。

だからみなさんにも、これまで生きてきて常識と思われていたことに少しでも疑いをもって、それが間違っている可能性を探っていただきたいと思っています。「時間が過去から未来に進むのはあたりまえ」というのも、疑ってほしい常識の一つです。

時間は人類にとっていちばん身近で、あたりまえなものの一つです。にもかかわらず、時間は古くから人類にとって、最もわからないものの一つでもありました。「時間は逆戻りするのか」、それは神様が私たちに投げかけた最大級の謎といえます。

この謎に挑むべく、一緒に思考の旅に出かけましょう。

時間は逆戻りするのか

目次

第4章 量子力学と時間…71

第5章 「宿敵」エントロピー…101

第6章 時間は本当に1次元か…129

第7章 量子重力理論と時間…151

第1章

「時間」に目覚めた人類

二人のスター

みなさんは、3月14日は何の日かご存じでしょうか。

おそらくほとんどの人は「ホワイトデー」と答えるでしょうね。もちろんそれも正解ですが、じつはこの日は「πの日」でもあるのです。そう、円周率3・14…にちなんだものです。

しかも、奇しくもこの日は1879年にアインシュタインが生まれ、2018年にホーキングが亡くなった日でもあるのです！　なんという偶然でしょうか。私も物理学者の端くれとして、この日になると、自分にも奇跡が降りてこないかと空を見上げずにはいられません。

私は2013年から3年間、ホーキング教授が所長をつとめていたケンブリッジ大学の理論宇宙論センターに所属していました。その間に教授の生きざまを間近で見て、肌で感じさせていただいたのは、じつに貴重な経験でした。ご存じのとおり、彼はALS（筋萎縮性側索硬化症）という難病のため動く筋肉が限られていて、機械と体がほぼ一体となって活動していました。しかし、脳は筋肉ではないことが幸いし、その思考は止まることがありませんでした。実際、彼は頭の中でつねに、広大な宇宙を飛び回っていたように思います。純粋な思考と想像力は、ときに健常な身体の持ち主よりも豊かな自由をもたらすのかもしれません。その命は惜しくもブラックホールの人類初撮像（2019年4月10日）を前に燃え尽きましたが、アインシュタインの後継者を自任していた彼が、アインシュタインの方程式が導いたブラックホールをもし見ることができていたら、どれだけ興奮し、喜んだことでしょう。

宇宙論でいう星とは「star」であり、「みずから輝けるもの」のことです。宇宙には、人類の想像もおよばないことが満ちあふれていますが、アインシュタインやホーキングは、みずからの力でそれを見いだして、輝ける星となりました（図1－1）。私もいつかは彼らのように宇宙の驚きやすばらしさを自分で見つけて、この世に発信し、輝ける存在になりたいと思っています。

そう願う私には、ちょっと奇抜な夢があります。それは、宇宙のことを話す講演会を武道館で開催したいというミュージシャンのような野望です。

私が次々に繰り出す常識を超えた宇宙の話に満員のお客さんは熱狂し、最後はスタンディングオベーション！　そしてアンコールの嵐！

「オッケー、もう1スライドいっちゃおう！」。私が叫び、観客は総立ちで「イェーイ！」。

……絶対ありえないでしょうね（笑）。

しかし一方で、こうも考えるのです。古代から人類は、宇宙について知りたがってきました。おそらくそれは、人類にとって根源的な欲求にちがいありません。だとしたら、武道館ではないにしてもいつかは、たくさんの人が宇宙の話に熱狂する日がきても不思議ではないはずだ、と。

事実、アインシュタインとホーキングは、私を最高に熱狂させてくれるロックスターです。

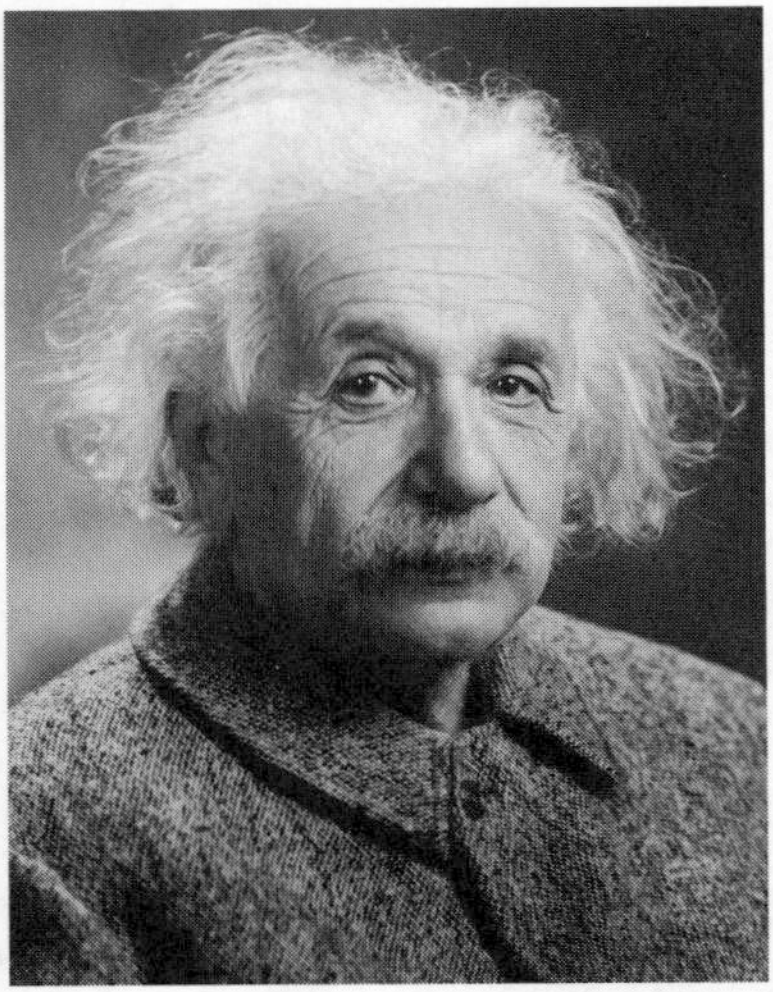

図1-1
アインシュタイン(上)と
ホーキング

ところで人類にとっては宇宙だけでなく「時間」も、根源的な知的欲求をかき立てられるもののようです。そして二人のスターは時間についても、それまでの常識をひっくり返すようなことを考えました。そのくわしい話はあとのお楽しみとして、まずは人類が古代から、時間というものをどうとらえてきたのかをみていきましょう。

それは「暦」から始まった

かつて森林で樹上生活をしていた人類は、やむをえない事情で木から降り、平原に出ました。それからは地上で生き抜くために、狩りをしたり、農耕をしたりと、自然と格闘しなくてはなりませんでした。そのため、自然界あるいはその外の世界について、「あれは何なのか？」とかなり早い時期から気にしつづけてきたようです。

「外の世界」への関心は、やがて「宇宙」という概念を育みました。そして共同体ごとに、それぞれの宇宙についての見方や考え方が確立されていきました。有名な世界四大文明には、それぞれに特徴ある宇宙観が存在していることが、それを物語っています。

たとえば古代エジプトでは、大地を支配するゲブ神と、その双子の妹であるヌート神が固く愛しあっていましたが、ほかの神の嫉妬を買って無理やり引き離され、ヌートは天空を司る女神となったという神話が伝わっています。宇宙の星々はみな、彼女の体にはりついていると考えられ

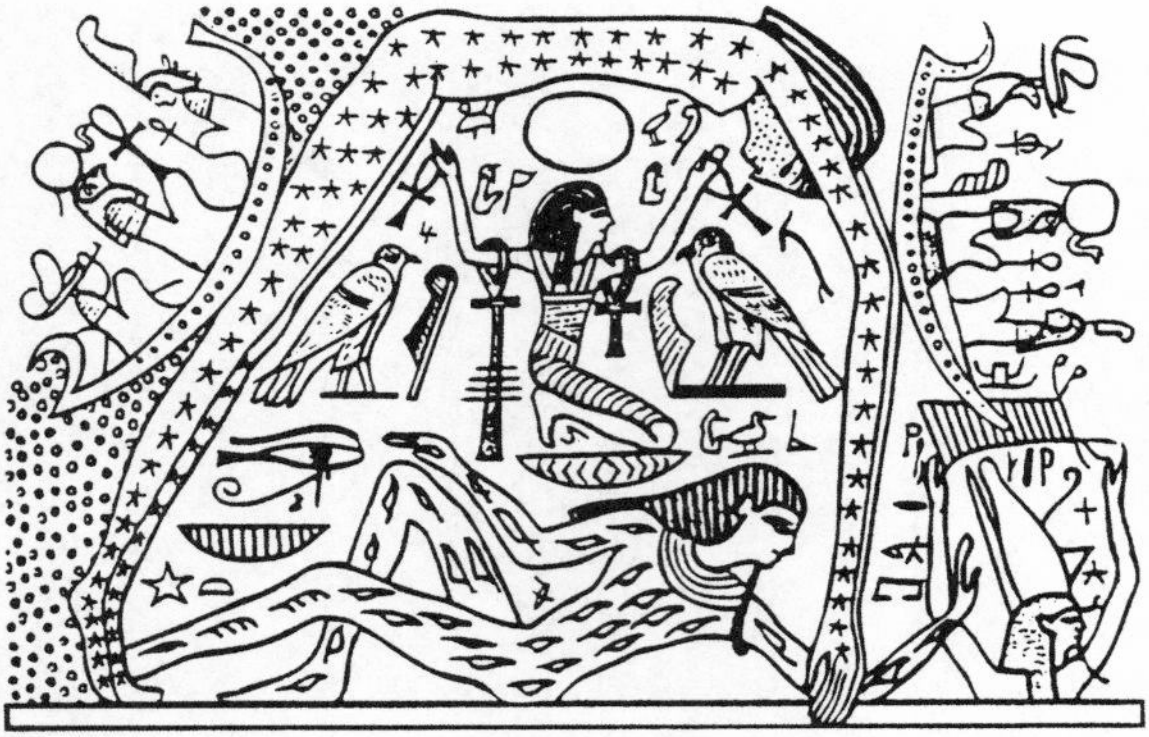

図1-2　ヌート神
全身に星形の模様が入った、世界を体で覆っている女神

ているのです（図1－2）。

宇宙についての見方はところによってさまざまでも、こうした「神」との結びつきは、共通してみられるものでした。なかでもギリシャ神話は有名です。神話には人々に社会的な規範を教えるという役割もあったので、宇宙の神秘性が一役買うこともあったのでしょう。

さて、こうして宇宙に目を向け、天体の動きに関心をもつようになった人類はやがて、とても重要なものを一つ、手に入れました。「暦」です。

人類で初めて暦を発明したのは、おそらくシュメール人だろうといわれています。シュメールは紀元前3500年頃にペルシャ湾沿岸、現在のクウェートやイラクあたりで繁栄していた世界最古の都市文明で、初期のメソポタミア文明とされています。

そこで用いられていた暦は「バビロニア暦」と呼

ばれるもので、基本的には、月の満ち欠けの周期を基準とした29・5日の月暦（大陰暦）からなっていました。しかし、それだけでは1年＝３５４日となり、実際の季節と暦にずれが生じることから、太陽の動きも加味した暦をつくりあげました。これを「太陰太陽暦」といい、世界中で長きにわたって暦の主流を占めました。日本でも明治になるまで採用されつづけ、いまは「旧暦」と呼ばれています。

当時のシュメール人の知識でつくられたバビロニア暦が、６０００年にもわたって踏襲されつづけていることには驚きを隠せません。ほかにもシュメール人は、円の一周が３６０度であることを知っていましたし、星座も考案していて、いわゆる星占いで出てくる黄道12星座のうち、蟹座、射手座、天秤座を除く九つの星座がほぼ現在の姿でまとめられています。

私が好きなアメリカのテレビ番組「古代の宇宙人」では、「シュメール人は宇宙人だった！」という説まで出ているほどで、宇宙についての彼らの知識や洞察力は、人類の歴史のなかでも異様な高さだったといえます。

さて、暦によって刻まれる「年」「月」「日」は、やがて、60進法によってさらに細分化されていき、「時」「分」「秒」という、いわゆる時間の単位が生まれます。

では、暦の最小単位である「秒」の最も古い定義は何か、みなさんご存じでしょうか。それは「心臓の鼓動」の長さでした。ただ、秒の比較的、正確な測り方としては、腕の長さ程度（まあ

1メートルほどです）の棒を振り子にして、反対側に振れるまでが、意外なことにちょうど1秒になります。

現在では、セシウムを利用した原子時計をもとに、国際単位として秒が定義されていますが、近い将来には、「定義づけ」の仕事はレーザー光線を利用した「光格子時計」が引き継ぐでしょう。しかし、さらに遠い将来には、この仕事は「パルサー」という天体にもっていかれる可能性があります。光格子時計の誤差は100億年に1秒ですが、パルサーは原理的には100億年で0・001秒。精度が桁違いなのです。すでにパルサーによる定義を採用している宇宙人も、どこか遠くの星にいるかもしれません。

「7曜日」の起源

暦の話の最後に、これはおまけとして、「曜日」がどう決まったかをお話ししましょう。

1週間が7日というのは、もともとは天空の7天体、すなわち太陽、月、水星、金星、火星、木星、土星から来ています。そして曜日については、エジプトにおいて、「一日の最初の1時間を支配する天体が、その日を代表する曜日」というルールが決められました。一日の24時間に、七つの天体を順番に割り振っていくということですが、これは図を見ていただいたほうがわかりやすいでしょうね（図1-3）。

時間 ＼ 日目	1	2	3	4	5	6	7	
1	**土**	**日**	**月**	**火**	**水**	**木**	**金**	⬅曜日
2	木	金	土	日	月	火	水	
3	火	水	木	金	土	日	月	
4	日	月	火	水	木	金	土	
5	金	土	日	月	火	水	木	
6	水	木	金	土	日	月	火	
7	月	火	水	木	金	土	日	
8	土	日	月	火	水	木	金	
9	木	金	土	日	月	火	水	
10	火	水	木	金	土	日	月	
11	日	月	火	水	木	金	土	
12	金	土	日	月	火	水	木	
13	水	木	金	土	日	月	火	
14	月	火	水	木	金	土	日	
15	土	日	月	火	水	木	金	
16	木	金	土	日	月	火	水	
17	火	水	木	金	土	日	月	
18	日	月	火	水	木	金	土	
19	金	土	日	月	火	水	木	
20	水	木	金	土	日	月	火	
21	月	火	水	木	金	土	日	
22	土	日	月	火	水	木	金	
23	木	金	土	日	月	火	水	
24	火	水	木	金	土	日	月	

図1-3　シュメール人による曜日の決め方
一日の最初の1時間を支配する星がその日の曜日となった

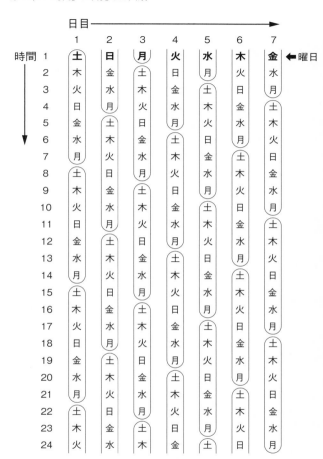

天体の順番は、地球から遠いと思われるほうから並べられ、土、木、火、太陽、金、水、月とされました。これが基本的な天体の並びであり、これを順番に、24時間に当てはめていくのです。一日目の最初の1時間は、土曜日となりますね。

24÷7＝3で、余りが3ですから、一日24時間には、七つの天体がすべて3回ずつ割り振られたあと、土、木、火の三つの天体のみ、もう1回ずつ割り振られます。すると、次の二日目の最初の1時間は、火の次の太陽、すなわち日曜日となります。次の三日目の最初の1時間は、太陽から右に三つ進んで月……という具合に曜日が決まっていくわけです。

こうして、今日使われているカレンダーの一週間の曜日の順序ができあがったのです。

しかし、もともとは土曜日から一週間が始まっていたのが、なぜ現在は変わってしまったのかはよくわかっていません。ちなみに日本では週の初めは日曜と思っている人が多いようですが、これも決まっているわけではなく、たとえばフランスのカレンダーは月曜から始まっていますし、イスラム圏ではいまも土曜日が週の最初とされています。

「時間とは何か」を問いはじめた人類

さて、それまでは「時間」というものを、天体の運動を見ることで「暦」として認識するだけだった人類が、「時間とはいったい何か？」を初めて問いはじめたのは、いまから2500年ほど前のことだったと思われます。

紀元前4世紀に、偉大な哲学者にして科学者でもあったアリストテレスが、著書『自然学』において、時間について次のように述べました。

——時間とは、運動の前後における数である——

つまり、運動の変化の尺度として、時間をとらえたのです。時間にはなんらかの実体があるわけではなく、物体などの運動によって初めて存在が認められる、いわば運動のパラメーターのようなものであると理解したのです。

このアリストテレスの考え方では、運動が起こらなければ時間は存在しないことになるので、仮にすべての物体が真空中で静止しつづけているならば、時間は存在しないことになります。しかし現在では、物質はすべて原子や素粒子からできているため、たえず熱運動というものをしていることがわかっています。その意味で、完全に静止している物体はありません。

アリストテレスの現れる１００年ほど前には、ギリシャのゼノンという哲学者がすでに、運動と時間の関係について、次のような喩えばなしを用いて注目すべき考察をしていました。ゼノンは、こう言ったのです。

足が速いアキレスと、とてつもなく歩みが遅い亀が、かけっこをすることになった。ハンディとして、アキレスは亀よりもかなり後ろからスタートすることになったが、両者の実力差からすれば、その程度のハンディはないにひとしいものだった。

ところが、アキレスはいつまでたっても亀を追い越せない！　とゼノンは主張したのです。

その理由は、こういうものでした（図1－4）。

アキレスがある時間だけ前に進んだら、同じ時間に亀も、速度は遅いものの必ず前進はする。決してゼロではない。アキレスが、亀がいた地点に着いたとき、亀はわずかでもその先に進んでいて、そこにはいない。たとえほんの一瞬でも、アキレスが進めば亀も必ず進む。だから二人の距離は縮まりこそすれど、いつまでたっても決してゼロにはならない。したがって、アキレスは永遠に亀を追い越すことはできない──。これが有名な「アキレスと亀」のパラドックスです。

このパラドックスはきわめて有名ですので、ご存じの方も多いと思います。実際にはアキレスは亀に追いつくのですからゼノンの論理はどこかが間違っているわけですが、みなさんならどう反論するでしょうか。いざ考えてみると、意外に難しいと思いませんか？　じつはこの問題、相当に奥が深いのです。

ヒントを言うと、鍵となるのは「時間というものは無限に刻むことができるか？」という問いです。つまり、時間は無限の「点」からできているのかどうかが論点になるのです。その答えがYESかNOかによって、ゼノンを論破できるか否かが分かれます。では、どちらの答えだったら論破できるでしょうか？

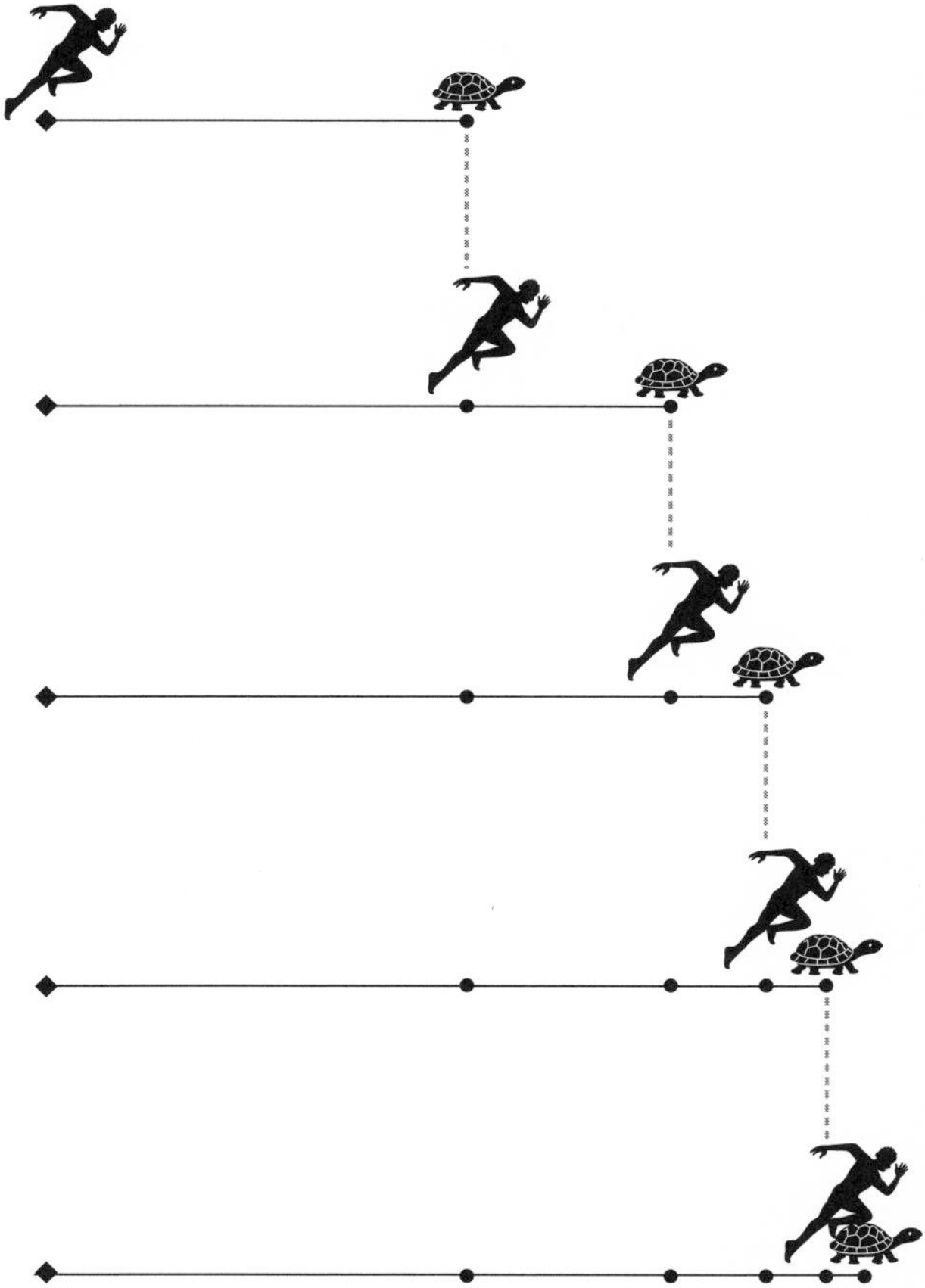

図1-4　「アキレスと亀」のパラドックス
アキレスが亀のいた位置に来ると、亀は必ず前に進んでいるので、永遠にアキレスは追いつけない!?

もちろん、ゼノンも本気でアキレスが亀を追い越せないと思っていたわけではなく、当時の知識人たちに論争を仕掛けるつもりだったようで、時間は運動のパラメーターと考えていたアリストテレスにも、鋭い問いかけをしているように思われます。アリストテレスはこのパラドックスについても『自然学』の中で反論していますが、論破に成功しているかどうかは議論が分かれているようです。

この問題は「無限とは何か」「時間とは何か」というきわめて深遠なテーマにもつながっていきますので、いまはこのへんにしておき、あとで種明かしをさせていただきます。それまでの間、みなさんもどうすればゼノンを論破できるか、少し考えてみてください。

「時間」にもいろいろある

まずこの章では、人類が「時間」というものの存在に目覚めるまでを駆け足でみてきました。次の章からは、先人たちの研究成果をもとにしながら、時間というものの正体について本格的に考えていくことになりますが、その前にここで、本書で考えようとしている「時間」とは何かを少し整理しておきたいと思います。

ひとくちに「時間」といっても、その概念はいろいろで、思いつくだけでも以下のようなカテゴリーが挙げられます。

（1）物理学における時間
（2）認知学における時間
（3）生物学における時間
（4）心理学における時間

ほかには、哲学における時間もありますが、これは再現性のあることが求められる科学の領域を超えた話題になってしまうと思いますので、本書では省きます。

著者の知識の範囲としては、やはり（1）の時間を中心にお話ししていくことになりますが、専門家でないにせよ、ほかの（2）（3）（4）の時間についても考えをめぐらせてみるつもりです。時間とは何かを俯瞰《ふかん》的に考察するためには、それも必要と考えています。

本書が挑もうとしている「時間は逆戻りするのか」という問いは、いうまでもなく、明確な答えを出すのは難しいテーマです。どうしても主観的にならざるをえないこともありますし、専門外のことに私見を述べなくてはならないこともあるかと思います。できればみなさんには、白黒を真正面から追いかけようとするのではなく、この問いについて考えることで、これまで想像もしなかった世界が開けるのを楽しんでいただければと思います。

第2章

時間のプロフィール

この章では、まず、時間というものがこれまでどのように考えられてきたのかを、おもに物理学の立場でみていくことにします。

自然科学では、時間はどういうわけか、物理学のテーマとして考えられてきました。しかし、物理学とはその名のとおり「物」の「理」を扱う学問です。目に見えず、実体もあるのかないのかよくわからない時間などという代物にどうアプローチすればよいのか、昔から多くの物理学者が頭を悩ませてきました。

やがて、つかみどころのない時間になんとかして触れるための、三つの手がかりが考えられるようになりました。「方向」「次元数」「大きさ」です。そして、これらの観点からみていったとき、時間にはほかの物理的な研究対象とはまったく違う特徴があることがわかってきました。

方向——不可逆な「時間の矢」

まず、一つめの「方向」についてです。多くの物理学者は、時間は流れをもっていて、それは適当にあちこちに向かうのではなく、いつも一定の方向に流れていると考えてきました。そして流れは一方から一方へ進むだけで、その反対はありえない、つまり不可逆なものだと考えられてきました。時間の方向についてのこのような見方を表す言葉が「時間の矢」です。

「時間の矢」という概念が初めて提唱されたのは、歴史的には比較的最近のことでした。20世紀初めにイギリスの天文学者エディントンが、その著書『The Nature of the Physical World』（「物的世界の本質」）の中でその言葉を使ったのが最初とされています。

エディントンは、時間は宇宙が始まってからずっと、唯一の方向、すなわち過去から未来へと向かう一方向にのみ流れていて、それはあたかも一直線に飛ぶ矢のようであり、決して戻ることはないと述べ、これを「時間の矢」と名づけたのです。

もっとも、その言葉は使わずとも、時間は一方向にしか進まないらしいとは、古くから考えられてきました。みなさんも、誰かに教わらなくてもそう感じていたと思います。

たとえば静かな池に石ころを落とすところを想像してみれば、波紋が周囲に広がっていく様子が目に浮かびます。それは時間というものが流れているのを感じさせる光景です。この波紋は、外側に広がっていくのみで、何かに当たって反射でもしないかぎり、決して内側に向かうことはありません。そこに人は、時間の流れの不可逆性を見いだしてきました。この例は、波における「時間の矢」とも呼ばれています。

近年の研究で、宇宙は「ビッグバン」と呼ばれる高エネルギー状態から始まったあと、現在に至ってもなお膨張を続けていることがわかってきました。収縮することはなく、膨張の方向にのみ向かっているのです。これも石ころがつくる波紋のたとえに似ていて、「時間の矢」をイメージさせます。もしかしたら時間の不可逆性は、宇宙ができたときから根源的なレベルで決まっていたのかもしれない、とも思わされます。このように宇宙のスケールで考える「時間の矢」のことを、宇宙における「時間の矢」とも呼びます。

これらは物理的な現象ですが、ほかにも、時間の流れる方向が不可逆であることを感じさせる例はさまざまにあります。

たとえば草木が芽を出し、茎が伸び、花を咲かせて実をつけ、やがて枯れるさまは、私たちに生から死へという時間の流れをいやでも思い知らせます。逆向きの時間の流れは想像しにくいところです。これは生物学的な「時間の矢」といえるでしょう。

また、私たち人類をはじめ、ある程度の知性をもつ生物は、脳に長期的な記憶装置を備えています。だから、過去に「あれ」をやったから、現在、「よいこと」があった（餌にありつけた、すてきな異性と結ばれた、とか）、じゃあ未来にまた「あれ」をやろう、と一連の川の流れのような記憶をもつことができます。これを「学習」ともいいますが、生物はこのようにして環境にも適応して進化してきました。

これがもし、未来のできごとが先にあり、そのあと現在になり、過去へと時間が流れているとしたら、私たちはどのような行動をとればよいかわからずパニックに陥りそうです。こういった時間の流れは、認知学における「時間の矢」といえるかもしれません。

こうしたさまざまな例を見ても、時間の流れはたしかに不可逆で、「時間の矢」という言葉は、時間の本質的な性質を言い表していると思えてきます。

次元数——なぜ1次元なのか

二つめの「次元数」とは、物理学でいう「次元」の数のことです。次元とはみなさんご存じのとおり、1本の直線だけの世界なら1次元、縦と横がある平面の世界なら2次元、そして私たちが生きている空間は、縦、横、高さがある立体の世界なので3次元です。

では時間はといえば、物理学でいう次元数は「1」、すなわち1次元と考えられています。1本の直線だけでできている世界ということです。なおかつ「方向」の特徴を加味すれば、時間はこの直線上を一方通行にしか進めず、後戻りはできません。

時間が1次元だと聞いて、みなさんはどう思うでしょうか。おそらく、とくに違和感もなく、「まあ、そうだろうな」と思うでしょう。しかし、よく考えてみればこれは、なかなか不思議なことでもあるのです。

なぜかというと、空間は3次元だからです。あとでまたお話しすることになりますが、じつは時間と空間は一体のもので、切り分けることができない不可分な関係にあると考えられています。長年連れ添った夫婦、苦楽をともにしてきた相棒よりも、はるかに強い結びつきなのです。しかも、時間と空間は対等で、そこに上下関係などありません。これが、アインシュタインが創りだし、私たちが住むこの世界のありようをみごとに説明している相対性理論の根幹をなす考え方です。だから、私たちの世界は時間と空間をあわせて「時空」という言葉で呼ばれることもあります。

だとしたら、空間が3次元なら時間も3次元であるほうが、ずっとシンプルで、普通のことに思えないでしょうか。なぜ自然界は、時間のほうは1次元にするという不自然なことをしたのでしょうか。

これも、時間についての根源的な問いの一つですので、このあと考えていきたいと思います。いま、ちょっとだけ予告をすると、もしも時間が2次元であったとすると、タイムマシンが簡単につくれます。その話は第6章でします。

大きさ——それは一定ではない

さて、時間について考える三つめの手がかりは、「大きさ」です。といわれても、時間に大きさなんてあるのか？　と戸惑われているでしょうか。

たしかに、時間に「かたち」があるとは思えません。かたちがないものに、大きさがあるとも思えません。それに、時間はつねに一定の速さで進む絶対的なものですから、大きいとか小さいとか、相対的な「サイズ」があってはいけないようにも思えます。

しかし、それらは時間についての誤った思い込みです。そして残念ながら日本人のほとんどは、そう思い込んでいるような気がします。なぜなら、アインシュタインの発見から１００年たっても、いまだに高等学校までの理科の授業では相対性理論が教えられていないからです。

さきほど、時間と空間は一体であるとお話ししました。じつは、相対性理論では空間は物体の運動によって、伸びたり縮んだりします。サイズが変わるのです。だから時間も、サイズが変わります。進み方が速くなったり、遅くなったりするのです。つまり、空間も時間も、絶対的なものではなく、相対的なものである——アインシュタインはそんなとんでもないことを言って、人類の自然観を根底から覆したのです。繰り返しますが、もう１００年以上も前のことです。

相対性理論と時間については、章をあらためてくわしくお話しします。

もうひとつ、では時間の「大きさ」には最小の単位のようなものはあるのか、という論点もあります。そこには、時間は無限に小さく刻めるものなのか、という第1章の「アキレスと亀」のパラドックスのところで予告した深遠なテーマも含まれ、やはりあとの章で論じていくつもりですので、楽しみにしていてください。

時間は気持ち悪い？

ところで、自然界には、あらゆることを偏りなく、バランスよく振り分けようとする性質があります。たとえば、磁石にはS極とN極があり、生物にはオスとメスがあり、この世界ができた最初には粒子と反粒子があったとされています。こうした性質は「対称性」とも呼ばれていて、自然や宇宙のあちこちで見られるものです。

私たちが「美しい」と感じるものには左右対称のものが多いといわれますが、それも、私たちがこのような自然界の一員だからでしょう。

では、時間はどうでしょうか。

過去から未来への一方向の流れしかもたない「時間の矢」と呼ばれる性質は、対称性とはまるで正反対です。時間も対称性をもつならば、未来から過去へと進む時間もあるはずです。また、繰り返しますが空間が3次元であるにもかかわらず、その切っても切れないパートナーである時間が1次元なのは、対称性という意味でも非常に違和感があります。

自然界には時間のほかにも、対称でないものはあります。しかし、それらは「対称性の破れ」とわざわざ特別扱いされて発見者にノーベル賞が与えられるほど、レアなものです。それと比べて時間は、これだけメジャーな存在であるにもかかわらず、対称性をもっていないのです。そのことを「気持ち悪い」と感じている物理学者もいます。何を隠そう私もその一人です。

そんな変わり者、いや美意識の高い（？）物理学者のなかには、本当は時間にも対称性があって、過去と未来のどちらにも流れているのではないかと本気で考えている人もいるのです。

そんなこと、あるわけないじゃん！　と思いますか？　たしかに口に入れたジュースがコップに戻っていく世界があったら、そのほうが気持ち悪いかもしれません。しかし、じつはまったくないとは言いきれないことが、最近わかってきたのです。

私が3年間師事したホーキング博士は、自由な発想――というより、そんなのありえない！と言いたくなる突拍子もない思いつきから、次々に新しい理論を生みだしていました。時間には、博士のようなチャレンジができる可能性がまだまだたくさん残されています。人類は、時間のことをまだ何もわかっていないのです。

方程式には「時間」が隠れている

ここで、私たちがこれから考えようとしていることが、単なるナンセンスでクレイジーな思いつきではないことを、みなさんに知っていただきたいと思います。

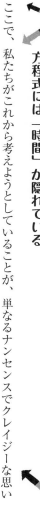

物理学という学問は、自然という「神」が創りだしたこの世界のルールを切り取って、人間が理解できるかたちに表現することを目的としています。たとえ自然そのものは人知を超えたものであったとしても、どうにかしてその断片をなるべくうまいかたちで切り取りたいと、これまで多くの偉人たちが挑みつづけてきました。

古代においては、その断片は日常でもつかわれる言葉で表現されていましたが、やがて人類は

「数学」というコトバを発明し、より正確で、かつ本質的なことをシンプルに表現する方法を手に入れました。方程式です。

方程式そのものは、物理学者たちの血のにじむ苦労の末に、ときには偶然に、この世に生みだされ、先人の知恵の結晶として記憶されました。しかし、一度生みだされた方程式は、発見者の想像すら及ばなかったことを予言して、そこからまた新しい世界への扉が開かれることもありました。もし「神の世界」を記述するコトバがあるとしたら、現在、人類が獲得している表現方法のなかで最もそれに近いのが方程式でしょう。発見者の死後、何世紀ものちにその有用性が理解され、にわかにこの世界の真実の一端を語りだすという神秘的なことが、方程式によって実際に起こってしまうのです。

とはいえ多くのみなさんにとって方程式は、慣れている人でなければ、意味不明の呪文のようなものでしかないでしょう。でも、一つだけ、覚えてもらいたいことがあります。

すべての方程式は、時間的に発展することを暗に前提としている

ということです。

これ自体、ちょっと難解な言い回しになってしまっていますが、要するに、一見、複雑に書か

れている方程式も、単純にいえば「次の時刻ではどのように変化するか」を示しているにすぎない、ということです。

時刻による変化を方程式で表すものといえば、すぐに思い浮かぶのが、微分積分です。かつてはコンビニのCMにかけて、♪ビブンセキブン、いい気分〜と口ずさむ人もいたようですが、学生時代に苦しんだ思い出がよみがえって、いやな気分になってしまう人も多いのではないでしょうか。しかし方程式の世界では、微分積分はじつは主役と言ってもいい存在なのです。

微分とは「ある量の時間微分」ともいいますが、それはまさに、その量が、ある時刻ではどのように変化するかを、現在の時刻から予想したものにほかなりません。たとえば株価の変動を表すグラフは、微分方程式をもとに来週の株価を予想しています。

積分とは、時間ごとの変化を表す微分に対し、一定時間が経過したあと、変化の総量がどれほどになっているかを表すものです。お風呂に水を注ぐときにたとえると、

微分＝ある瞬間に蛇口から出てくる水の量

積分＝ある瞬間から次の瞬間までに浴槽にたまった水の総量

こんなふうにイメージすると、少しは抵抗感がなくなるのではないでしょうか。

では、この方程式を見てください。

$$y = ax$$

これは直線を表すシンプルな方程式です。この式が何を意味しているかといえば、たとえば、yの1秒後の値をy_1として、xの1秒後の値をx_1とすると、y_1とx_1の間にはやはり、

$$y_1 = ax_1$$

の関係が成り立つ、ということを言っているのです。これを2秒後、3秒後……と繰り返していくと、横軸をx、縦軸をyとする直線が描けます。すべての方程式は、このように時間の変化によってどのように量が変化するのかを表しています。さきほど述べた「時間的に発展することを暗に前提としている」とはこういうことです。そして、この方程式をxで微分すると、aになります。これは、瞬間の速度がaという意味です。この速度の式の積分は、トータルの移動距離yに戻ります。

このように私たちがふだん見慣れている方程式には、本当は重要な時間のことが書かれていないという、ちょっと奇妙な特徴があります。そこで、わざわざ時間についての情報を丁寧に書き表したのが、微分方程式と呼ばれているものです。

方程式と「時間の矢」

さて本題はここからです。ふつうの方程式では隠れている時間についての情報が、微分方程式には書き込まれています。ところが、その微分方程式にも時間の「方向」、すなわち「時間の矢」についての記述は、いっさい出てこないのです。

つまり、自然界のあらゆるできごとを記述するはずの方程式は、そもそも運動が起こる順番を規定していないのです。そのことを、単純なケースを例に見ていきましょう（図２－１）。

水平な面の上で、ボールがＡ地点から右方向へ直線運動をして、x秒後にＢ地点に着きました。このボールの動きは、初期時間からx秒までの状態変化を記述する微分方程式として書くことができます。変化はdという文字で表されます。

では、ボールが逆にＢ地点から左方向に直線運動をして、x秒後にＡ地点に着いたら、それは微分方程式に書けるでしょうか。もちろん、書けます。書けるのですが、ここで一つ、注意しておきたいことがあります。Ｂ地点から左へ動くボールの運動は、次のように、２通りの見方をすることができるということです。

（１）Ｂ地点にあったボールが、x秒かけてＡ地点へ動いた

（２）Ａ地点からＢ地点に動いたボールが、時間がx秒、逆戻りしたためＡ地点に戻った

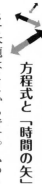

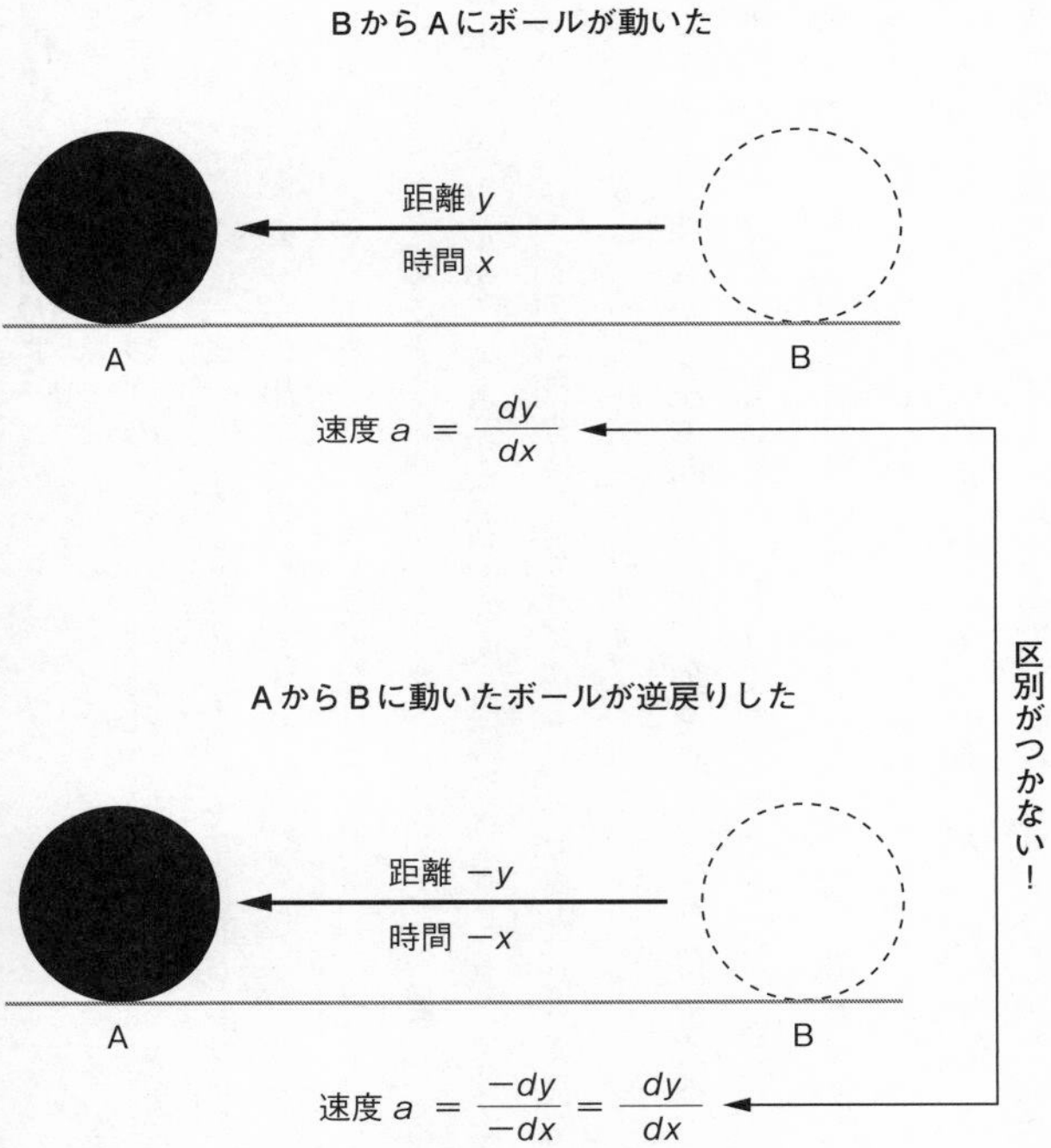

図2-1　方程式は時間の方向を区別しない
正の方向に進む運動と、負の方向に進む運動は同じ微分方程式になる

時間が逆方向に進むと考えることは、非常識ではあっても、数をゼロで割るような禁止事項ではないので、そう考えること自体は自由なのです。

さて、（1）と（2）の違いは、時間の進む方向をどう見るかの違いです。逆方向に進むと考えるのも自由とはいえ、現実には起こりそうもないことです。では、ボールの動きを微分方程式に書くと、（1）と（2）は区別されて、2通りの式ができるのでしょうか。

答えはノーです。このボールの動きを表現する微分方程式は、一つだけです。つまり、世界の森羅万象を記述するはずの方程式は、時間の方向については区別していないのです。

落下運動も逆向きOK！

では、物体が落下する運動ではどうでしょうか。水平な面を横に移動するのと違って、通常の落下運動では、すべての物体は上から下への一方通行になります。木から地面に落ちたリンゴがまた木に戻るなどということは、考えることはできません。

物体が落下するのは、物体が地球に引っ張られているからです。地球が引っ張る力を引力といいます。私たちは引力を、上から下の一方向のみに働く力として知っています。

そして引力といえば、17世紀に万有引力を発見したニュートン（図2－2）があまりにも有名です。彼はまた、私たちの周囲で起こる運動をすべて記述した「ニュートンの運動方程式」も確

図2-2　ニュートン

立しました。ではニュートンなら、一方向にしか働かない引力についての運動方程式を書くときに、時間も一方向にしか流れないように表現しているのではないでしょうか。

これも、答えはノーです。

じつはニュートンが発見した万有引力とは、地球が物体を引っ張る力だけではなく、すべての物体と物体のあいだに働いている力です。リンゴも地球を引っ張っているのです。私たちは地球が物体を引きつける力しか見ていない（それは引力というより、重力と呼ぶほうが正確かもしれません）ので引力は一方向にしか働かないと考えがちですが、じつはニュートンの運動方程式は、リンゴが地面から浮かんで木に戻る運動（！）も許しているのです。

方程式の解き方によって、時間はリンゴが落下する方向にも流れれば、逆に浮上する方向にも流れます。この両者を、方程式は区別していません。これがニュートンの運動方程式が語っていることです。原理的には、時間が逆向きに流れることは可能とされているのです。

ところで、落下運動は高校の物理で習いますが、あくまで落下のときに物体はどのように動くか、だけを教えられ、力学の基礎であるニュートンの運動方程式は教えられません。これに対し、大学の物理ではまず運動方程式を学び、その一例として落下運動ではどうなるかを導きます。

みなさんは高校物理の教え方をどう思いますか。私は疑問に思います。まず総論として運動方程式を教えてから、各論の落下運動を教えたほうが、体系的に理解しやすいのではないでしょうか。このような教え方になっている理由は、「高校数学で初めて習った微分積分を、いきなり高校物理で用いるべからず」という原則があるからです。運動方程式は微分を使わないと、記述できません。だから高校物理で運動方程式を教えるのは、ご法度だというわけです。

ただし受験対策の予備校には、大学の物理を先取りして、微分を用いた運動方程式から教える先生もいます。初めて習う高校生にはとても新鮮に感じられるようです。高校物理の授業でも、将来はそう教えてほしいと願うばかりです。

学問には本来、垣根はないはずです。微分積分は数学だけ、といった狭い枠にはめようとすることが、この国にとっても大切な高校物理教育をつまらなくしているように感じています。

宇宙のどこかに逆向きの時間が？

もう一つ、落下運動の例をあげてみましょう。

滑らかなレールの上を転がっていくボールをイメージしてください（図2－3）。

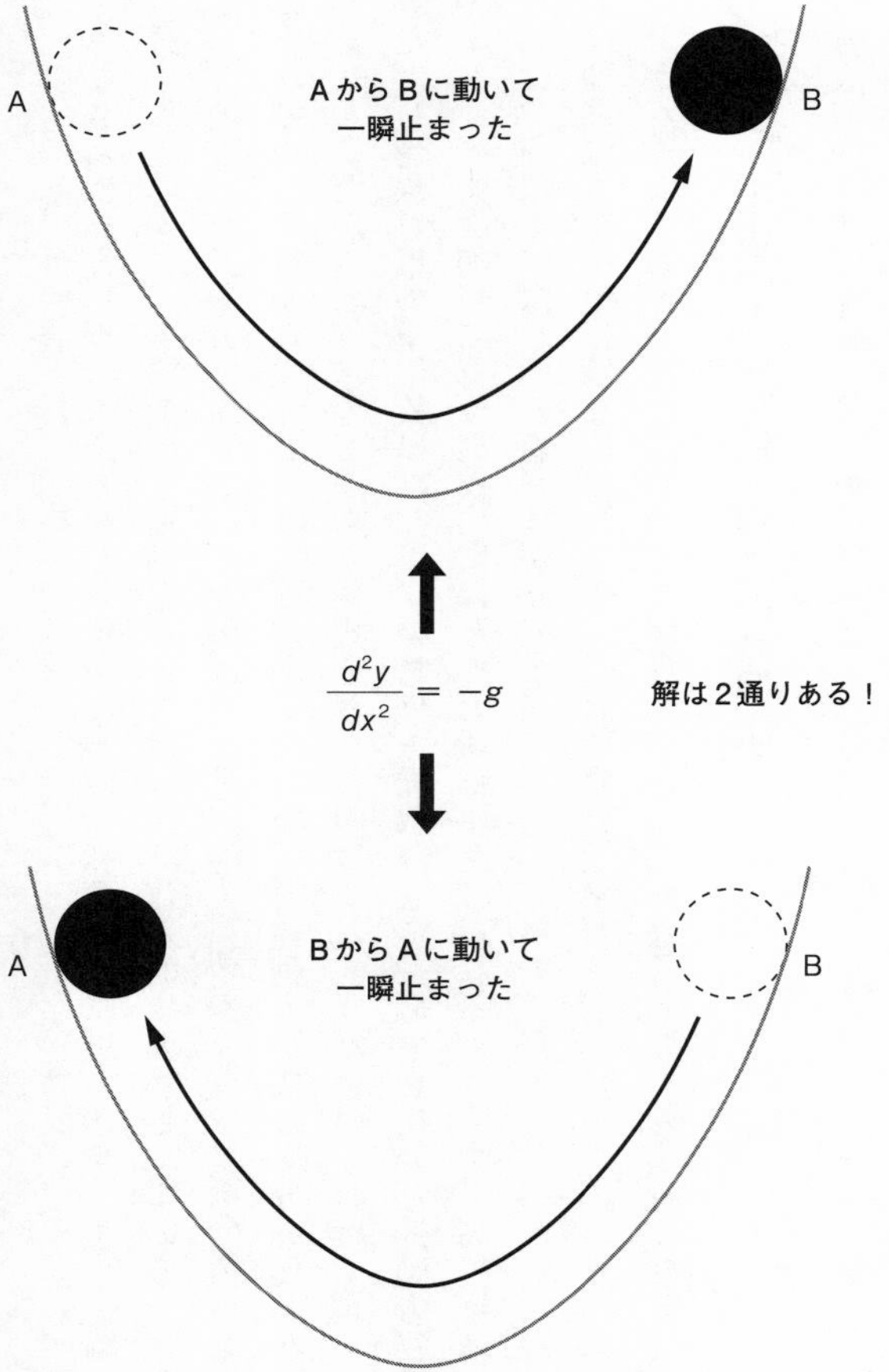

図2-3　落下運動を表す運動方程式
解は2通りあり、時間の方向を区別していない

A地点でボールを離すと、重力で自然と落下し、ジェットコースターのように下っていきます。しかし途中からレールが上がっていると、今度はそれに沿って上がっていきます。やがて（もし摩擦がほとんどなければ）最初と同じ高さのB地点まで上がって、速度が落ち、一瞬、止まります。そして再び、いまきたレールを今度は下っていきます。

この運動も落下運動なので、ニュートンの運動方程式で表せますが、その式を解いたときの数学的な解（答え）は、じつは2通りあります。

（1）A地点から下って、上がって、B地点で一瞬止まる
（2）B地点から下って、上がって、A地点で一瞬止まる

この二つの解が、同時に存在するのです。この二つは、私たちの常識では異なる運動です。なにしろ、時間の流れる向きが正反対としか思えません。しかし、ニュートンの運動方程式では、この二つは区別していないのです！

このようにニュートンの運動方程式にも、「時間の矢」という概念は存在しません。それは、ニュートンの意思とは無関係だったと思います。

あらためて言いますが、方程式は自然を表現するために人類が獲得した最高の方法です。いったん誕生すると、方程式で出てくる解は発見者の意図さえも超え、この広い宇宙のどこかで実現している可能性が高いと考えてよいと、私は思っています。

その方程式が、過去と未来を区別していない――そう考えると、時間が逆戻りする可能性も、少しは現実味がありそうに思えてこないでしょうか。

手塚治虫の代表作『火の鳥』に、印象的なシーンがあります。ある惑星では、巨大な石が地面から勝手に持ち上がって崖を登り、頂でぴたりと止まっているのです。まさに時間が逆戻りしているようですが、そんな世界が存在することを、方程式は許しているのです。

「宿敵」エントロピー増大の法則

この章の最後に、物理学からみた「時間の矢」について、別の観点から考えてみます。

みなさんも「エントロピー」という言葉はご存じかと思います。ごく簡単に言ってしまえば、それは「乱雑さ」を表す概念です。

たとえばあなたがいま、ブラックコーヒーが入っているカップにミルクを垂らしたとします。ミルクは、最初は1ヵ所にしたたり落ち、そのあとうねうねとした模様を描きながら、しだいにカップ全体に広がって、コーヒーと混ざっていきます。このとき、最初にミルクを垂らしたときのカップは「秩序が高い状態」で、そのあとミルクが混ざってぐちゃぐちゃになってきたカップは「秩序が低い状態」といえます。エントロピーとは無秩序さ、つまり乱雑ぐあいを表す指標なので、秩序が高い状態はエントロピーが低く、秩序が低い状態は、エントロピーが高いということになります。ですからミルクを混ぜる前後で、カップの中のエントロピーは増大したのです。

　これが「エントロピー増大の法則」といわれるもので、物理学の「熱力学」という分野の基本的な大原則であり、自然界のすべての物質がしたがう「超重要ルール」です。

　エントロピー増大の法則は、宇宙全体にもおよんでいます。宇宙は、そのはじまりから、徐々に乱雑さを増していくように進化しました。最初のほんのわずかな、宇宙の「種」ともいうべき秩序立った世界が急激に広がり、あちこちでガスが集まり、そこから星ができ、やがて星が集まって銀河ができ、さらに複雑な大規模構造ができていく――１３８億年かけて進んだこのような宇宙の発展は、無秩序な世界への移行でもあり、エントロピーが増大した結果なのです。

　しかもエントロピーには、私たちが見逃せない性質があります。エントロピーは低いほうから高いほうへ増大するだけで、逆に減少することはありえないのです。そう、あたかも「時間の矢」のように、一方向にしか変化しないのです。

　じつは物理学で時間の不可逆性が信じられているのは、まさにこのエントロピー増大の法則があるからなのです。両者は、表裏一体です。時間が逆戻りする可能性を探ろうとしている私たちにとっては、「宿敵」ともいえるかもしれません。

　ところが、宇宙にはこの法則に抵抗している存在もあります。何だかわかりますか？

　それは私たち、生物です。私たちが生きているということは、私たちの身体を一定の秩序ある状態に維持しているということです。この営みを、「恒常性の維持」といいます。物理的にみれば「死」とは、身体の秩序が保てなくなってエントロピーの増大に抗えなくなることです。生物はエントロピーが支配する宇宙の「時間の矢」に立ち向かい、真逆の方向に独自の「時間の矢」を発射しつづけている、いまのところわかっている唯一の存在なのです。がんばれ、生物！

しかし、生物はエントロピー増大の法則に対抗して独立を勝ちとっているわけでは決してないことは、つけ加えておかなくてはなりません。

このあたりはあらためてくわしく述べますが、エントロピー増大の法則が姿を現すのは、そこがコーヒーカップのように孤立した状態にあるときです。生物はつねに外からエネルギー（地球生命なら太陽エネルギー）を取り入れて生命を維持しているので、孤立した状態ではありません。したがって、エントロピー増大の法則の支配から逃れているわけではないのです。

いずれにしても、「時間の逆戻り」の可能性を探る旅に出たからには、私たちはエントロピーとの対決だけは絶対に避けることはできません。

第3章 相対性理論と時間

現在の多くの日本人がもっている物理学についての知識は、１００年以上も前に「常識」とされていたレベルにとどまっているのではないかと思われます。失礼をかえりみず言えば17世紀にニュートンが運動方程式を発見した時代、中世からようやく近代の入り口に立ったところくらいではないでしょうか。したがって時間についての理解もまた、同様ということになります。

近代以降の物理学では、ニュートン力学という土台の上に立った二つの大きな柱が、革命ともいうべき大発展をなしとげました。「相対性理論」と「量子力学」です。そして、この二本柱は時間についても、従来の概念を根本からひっくり返してみせました。「時間は逆戻りするか」という、超現代的なテーマを考えるためにも、それぞれ何が起きたのかを、おおまかにでも知っておかなければなりません。では、まず相対性理論が起こした革命からみていきましょう。

「光」を独裁者にした特殊相対性理論

前章で、時間を知るための手がかりの三つめとして、時間の「大きさ」を挙げたとき、ほんの少しだけ相対性理論についても説明しました。

あらためていえば、相対性理論によって、なんと空間や時間は伸び縮みしていることがわかりました。この二つをセットにした「時空」は、私たちが住む世界そのものです。ニュートンまでの物理学では、時空は絶対不変で、ほかのあらゆるものの動きを測る基準とも考えられていたのに、じつはぐにゃぐにゃと変動する相対的なものであることがわかったのです。

この新理論が世界にもたらした衝撃は、いかばかりだったでしょう。それは物理学史上最大のスター誕生の瞬間でもありました。

さて、相対性理論には「特殊」と「一般」の2種類がありますが、アインシュタインがまず、1905年に発表したのは「特殊相対性理論」でした。物理学の理論には、自然界のふるまいをなんとか記述しようと苦しみもがいた末に編み出された泥臭いものもあれば、一人の天才に舞い降りた独断と主観がごり押しされて導かれたものもあるように思います。ときには、学者個人が理想とする世界観、自然はこうあってほしいという美意識が発見を生むことさえあります。このことは「理論の原理」と言い換えることもできますが、特殊相対性理論は、まさにこの原理から生まれたもののように私は感じています。

当時は、光が進む速度は状況によって変わると思われていました。たとえば電車に乗っている人がライトを持っている場合と、止まっている人がライトを持っている場合を比べると、電車に乗っている人のライトから出る光の速度は、電車の速度＋光の速度となるので、止まっている人が持っているライトの光より速くなるはず——当然のように、そう信じられていました。

しかし、アインシュタインは、光の速度を絶対的な地位に格上げすることを考えました。光の速度はどんな状況でも不変であり、しかも、この世のあらゆるもののなかで最大速度であるということを、証明する以前に「原理」にしてしまったのです。たとえて言うなら、突然ある政治家が「きょうから俺が絶対の最高権力者だ。だから俺の言うとおりに法律をつくれ」と宣言して、独裁国家を築くようなものです。『ドラえもん』でいえばジャイアンでしょう。アインシュタインは光を「自然界のジャイアン」だと直感し、そこから理論をつくり上げてしまったのです。

アインシュタインにそんな大胆なことができたのは、彼の考える自然観に照らせばそうであるに違いないという確信があったからこそなのでしょう。その背景には、若き日のとある記憶があったのかもしれません。学生時代に、学校の裏の空き地で昼寝をしていた彼は、自分が光の速さより速く飛ぶことができて、光を追いかける夢を見たそうです。やがて光に追いつき、さらに追い越してしまったとき、光が届かない自分の目には、いったい何が映るのだろう？　そんな疑問が浮かんで目が覚めた彼は、すぐに思考実験に夢中になったといいます。

結果として、アインシュタインの着想は正しく、「光速度不変の原理」が確立されて、そこから特殊相対性理論が導かれました。その導出のプロセスは、すでにたくさんの入門書で説明されていますので省かせていただきますが、中学生の数学の知識があれば理解できます。

この理論のポイントは、光速を不変のものとして絶対化すると、空間や時間のほうを相対化しないと辻褄が合わなくなる、というところにあります。ただし、物体が私たちの日常で見られるような運動をしていれば、ニュートンまでの物理学でも事実上、問題はありません。特殊相対性理論が効いてくるのは、物体が光速、つまり秒速30万kmに近いという特殊な運動をしているときです。

そんなものすごい速さで動いているロケットに乗って外を見ると、ものの大きさが縮んで見えます。そして、地上の人よりも時間がゆっくりと流れるということが起こります。空間も時間も、特殊な運動によってサイズが変わるからです。もっとも、宇宙とは光が主役の世界なので、むしろ特殊相対性理論が効いているほうが「日常的な世界」といえます。

「ヒーローの時間」はどれだけ遅れるか

特殊相対性理論が効いてくると、時間がどれだけ遅れるのかを簡単に計算できる式があるので、紹介しましょう。

$$\Delta T = \Delta t\sqrt{1-(v/c)^2}$$

アメリカンコミックに「ザ・フラッシュ」という、超高速で走ることができる正義のヒーローがいますが、この式を使えば、彼のまわりで時間がどれだけ遅れるのかがわかります。Δ《デルタ》は変化を表す記号で、ΔTはフラッシュの時間経過、Δtは静止している人の時間経過、vはフラッシュの速度、cは光速度です。

いま、フラッシュが光速度の80％の速さで1秒間走ったとすると、$v/c=0.8$（光速度の80％）、$\Delta t=1$秒となります。これらを入れて式を解くと、

$$\Delta T=1\times 0.6=0.6$$

となります。つまり、フラッシュにとっての時間経過ΔTは、離れたところからフラッシュを応援している私たちの時間経過Δtの6割しかありません。それだけ時間が遅く流れているのです。だから私たちの時間が1秒進んだとき、フラッシュの時間は0・6秒しか進みません。

日本ではこれが「ウラシマ効果」と呼ばれているのは有名です。浦島太郎が亀に連れられ竜宮城へ行ったら、そこでは時間の進み方があまりにも遅かったので、陸に帰って玉手箱を開けたら時間の流れが元に戻って老人になってしまったことにちなんだネーミングです。それにしても、このように特殊相対性理論を彷彿《ほうふつ》とさせる昔話が日本にあるのも面白いことです。

フラッシュの腕時計は標準の時間よりも進みが遅いので、悪事が行われる場に駆けつけるのが一瞬遅れてしまわないかという心配がありますが、この式があれば、腕時計をどれだけ補正すればよいかもわかります。

「重力」で時空が歪む一般相対性理論

さて、アインシュタインは１９１５年から翌年にかけ、さらに衝撃的な理論を発表しました。特殊相対性理論は、その名のとおり、光速に近い移動をしているという特殊な状況では、時空が伸び縮みしているという理論でした。しかし今度のやつは、そんな普通はありえない状況ではなく、私たちが住んでいるごく一般の時空が、じつは歪んでいることを予言してしまったのです。それが「一般相対性理論」です。ここでも、教科書的な説明はほかの入門書に譲り、みなさんにもおなじみのある天体を例にとって、イメージだけお伝えしたいと思います。

特殊相対性理論では「光」がキーワードでしたが、一般相対性理論でのそれは「重力」です。ざっくりといえば、自分のほうに引きつけて離さない力です。では、この宇宙で重力が強いものといえば、そう、暗黒の天体「ブラックホール」です。その重力はすさまじく、光さえも吸い込まれて脱出できないので、外からはブラック＝真っ黒に見えるというわけです。ブラックホールの重力はその質量（重さ）によって違いますが、平均的なブラックホールでいえば、地球の３万倍です。巨大な太陽でさえ、地球の30倍ほどなので、いかに強い重力かがわかります。これ以上近づくと吸い込まれるという限界をもし越えれば、重力に引っ張られるだけで体が引き裂かれてしまいます。

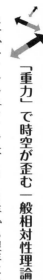

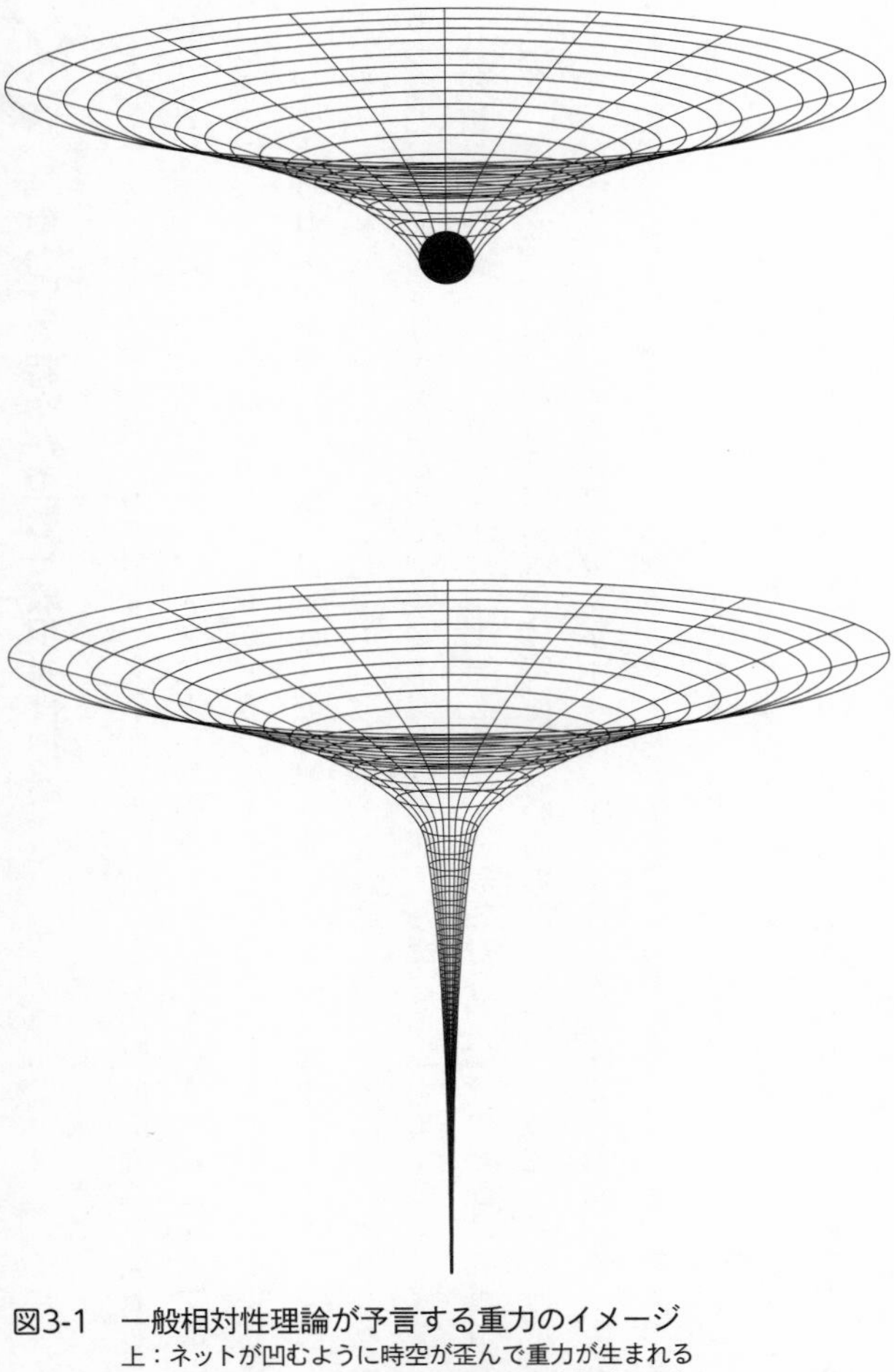

図3-1　一般相対性理論が予言する重力のイメージ
上：ネットが凹むように時空が歪んで重力が生まれる
下：ブラックホールでは時空のネットは究極まで凹む

アインシュタインは一般相対性理論で、重力とは、時空の歪みから生まれるものであることを予言しました。ごくおおまかにいえば、トランポリンのネットのような時空にボールを置くと、その重みでネットが凹むというイメージです（図３－１）。「ものが落ちる」とは、その凹みにものが転がっていくことです。そして彼は、宇宙には極端に強い重力によって、時空のネットが究極にまで凹んだ場所があることも予言しました。それがブラックホールです。光が宇宙最速であることを言い当てたように、ブラックホールの存在も、みずからの思考のみによって確信したのです。

さきほど、光速に近い超高速を考える特殊相対性理論の世界が、宇宙ではむしろ日常的であると言いましたが、ブラックホールのような強重力を考える一般相対性理論の世界も、宇宙ではあたりまえに存在します。人類は相対性理論を手にしたことで初めて、宇宙について理詰めで考えることができるようになったのです。

一般相対性理論が正しかったことは、重力が時空を歪めた痕跡である「重力波」が２０１５年に検出され、実際にブラックホールが２０１９年に撮像されたことで、完全に証明されました。１００年がかりで、アインシュタインの思考に観測が追いついたわけです。

ブラックホールに吸い込まれたら

　では、一般相対性理論による時間の歪みを、極端な例としてブラックホールについて考えてみます。ブラックホールに近づいた人がうっかり吸い込まれてしまう現象は、その人自身にとっては一瞬の惨劇です。しかし、ブラックホールからだいぶ離れたところで見ている人には、それは吸い込まれている人の時間の進み方がどんどん遅くなっているように、いわばスローモーションのように映ります。そして、ついには止まってしまったように見えるので、「あれ、あいつ全然動かなくなったぞ」とつぶやくことになります。

　一方、吸い込まれるほうの人は、これ以上は危険という限界に目印は何もないので、宇宙旅行をしていてうっかりそこを越えても、気づくことができません。しかし、外で自分を見ている人の様子がおかしいのには気づいて、こうつぶやきます。

「さっきまで手を振っていたのに、どうしてまったく動かなくなったんだろう」

　それが人生最後のつぶやきとなるわけです。

　このように、どちら側から見ても、自分とは反対側の時間の進み方が遅れているように見えることが、時間が絶対的なものではなく、相対的なものであることを物語っているのです。

　ところで、子ども向けの講演をしているとよく「ブラックホールに近づいたらどうなるの？」

という質問をされます。みんな、いかにも不安そうな表情で真剣に聞いてくるので、茶化すわけにもいきません。私が真面目な顔でよく答えているのはこんな回答です。

「もしブラックホールに近づきすぎたら、横になってください」

人がブラックホールでやられるのは、（あくまで直接的には、ですが）体の部位にブラックホールからの距離の差ができるからです。つまり、人体は縦長ですから、頭や足から近づくと、後方との距離の差が大きくなり、超強力な重力が牙をむきます。しかし横になっていれば、距離の差は生まれにくいので、重力によって体が引き裂かれるのは防げる、といった意味です。もちろんいろいろと語弊はありますが、少なくとも、「頼れるお兄さん」的に子どもたちの不安を取り除く効果はありますし、「横になればいい」というのはクマに襲われたときに死んだふりをするのに似ているので、キャッチフレーズとして気に入っています。

もう一つ、子どもを安心させる意味で、こんなこともよく言っています。

「普通のブラックホールには、かなり近づかないと吸い込まれません」

ブラックホールの重力の強さは、質量によります。太陽と同じくらいの質量のブラックホールだと、重力が効いてくるのは中心から約３㎞の範囲です。これはかなり小さいほうで、普通のブラックホールは、質量が太陽の30倍程度の星が、最後に大爆発を起こして死んだあとに生まれます。それでも重力が効いてくる範囲は３㎞×30＝90㎞で、半径１００㎞にも届きません。１００

㎞といえば、およそ東京から富士山までの距離であり、天体どうしがこれほど近づくことは、かなり稀です。星と星は通常、光でも数年以上もかかるほどの距離にあります。太陽系は例外で1光年のなかにすっぽりと入ってしまいますが。

ですから、宇宙旅行が自由にできるようになったとしても、旅行中にブラックホールに遭遇する確率はないに等しいと言っていいのです。子どもたちには将来、安心して宇宙に飛び出してほしいものです。

相対性理論を使えば長生きできるか

かなり大ざっぱではありますが、相対性理論そのものについての紹介は、とりあえずこんなところとさせていただきます。特殊相対性理論では「光」が、そして一般相対性理論では「重力」が、絶対不変のはずの時間を伸び縮みさせたり歪めたりしていることがわかっていただければ、ここでは十分です。願わくは、こんなことを実験もせず頭の中だけで思いついた天才がいたことにも思いを馳せていただけると、よりうれしいです。

ところで、「時間の進み方がゆっくりになる」と聞くと、多くの人は「だったら長生きができるのでは？」と考えるでしょう。もっともなことです。では、相対性理論を利用して寿命を延ばすことは可能なのでしょうか？

じつは、その方法はあるのです！　選択肢は、二つあります。

（１）光速に近い速度で進む宇宙船で暮らす

（２）重力の強い惑星に住む

どちらも、時間の進み方が遅れるからです。もしもあなたに双子のきょうだいがいて、あなたがこの方法を実行し、きょうだいが地上で暮らしたとすると、きょうだいが10歳、齢をとる間に、あなたは1歳しか齢をとらないということが本当に起こる可能性があるのです。ただ、現実的には、（１）の方法はなかなか難しいかもしれませんね。

『インターステラー』というSF映画では、主人公がブラックホールのような強重力天体に近づいて戻ってくると、ほとんど齢をとっていませんでした。これは、まさに（２）にあげた方法で、「ウラシマ効果」の一般相対性理論バージョンともいえます。もしかしたら竜宮城は、ブラックホールの近くにあるのかもしれません。ちなみに、この映画に登場するブラックホールの映像は、重力波の検出で２０１７年のノーベル物理学賞を受賞したソーン博士が監修した計算シミュレーションの映像が用いられていて、科学的にかなり正確にできていますので、ぜひ一見をおすすめします。２０１９年に初めて撮像されたブラックホールの姿と比べてみるのも一興かと思います。

無重力の宇宙空間に出ると、それだけで寿命が延びると考えている人も多いようですが、実際は、無重力下では時間の進みが早いので、逆に齢をとりやすくなるといえます。

物理的な年齢だけでなく、生物学的にも、宇宙空間は地上よりも肉体が衰えやすいことが報告されています。地球という惑星の重力下で進化してきた生物にとって「生きる」とは「重力という負荷に抗う活動」ともいえます。無重力の宇宙空間では、何もしないのは「寝たきり」と同じ状態であり、筋力が衰え、生命力もどんどん弱っていくということなのでしょう。ストレス、あるいは負荷というものが、ある程度は必要ということなのかもしれません。

木星のような大きくて重力が強い惑星では負荷も強いので、それに抗って生きられれば、生物学的な寿命は延びることが想像できます。相対性理論を使う方法の（2）とも合致しますので、これが将来的には最も実現可能性のある、寿命を延ばす方法かもしれません。

ただし、2点、注意が必要です。

まず木星は重力が地球の2・5倍もあるので、70kgの人も約180kgになってしまいます。この体重に負けないためには、骨格、筋力ともにかなりのトレーニングをして臨む必要があります（『ドラゴンボール』に出てくるサイヤ人がそんな修行をしていましたね）。

さらに、これが難題ですが、木星には「地面」がありません。ガスと液体だけでできている惑星だからです。着陸しようと宇宙船を降下させると、どんどん中心に向かって吸い込まれ、いずれ強圧力で宇宙船ごとペシャンコにされてしまいます。

これらをなんとか解決できれば、「木星に行って長生きしよう」とみんながめざせる時代がやってくるかもしれません。

「因果律」はどこまで未来を決めるか

さて、じつは相対性理論の話は、本書ではここからが重要になってきます。

「あのとき、あんなことがあったから、いまこうして僕たちは出会えたんだね」

「あのとき、あんなことをしてしまったから、僕たちは別れてしまったんだね」

世界中のどれだけの恋人たちが、過去にこんな会話をかわしてきたことでしょうか。すべての結果には、それが起こるための原因が存在していると、私たちは考えています。そう、この世はすべて、原因と結果に支配されていると。仏教にも「因果応報」という言葉があり、悪い行いをすると、巡り巡ってその報いを受けることになると教えられています。

そして物理学にも、「因果律」というルールがあると考えられています。すべては原因があって結果があるのであり、その逆は成り立たないという考え方です。

アインシュタインは相対性理論を生みだしたあと、この因果律について、突きつめて考えることとなりました。しかし、原因があって結果がある、というだけなら、物理学者でなくても、誰でも人生の教訓のように語ることができます。天才があえてこのことを考えたのは、ある原因が結果にどこまで影響を与えることができるかということを、光という絶対者の立場で限定したかったからです。

あ、いまの言い方はわけがわからなかったですね？　ちょっと言い方を変えましょう。

因果律の考え方を極端に推し進めていくと、現在起きているすべての結果は、宇宙が誕生した最初に決まっているという「決定論」ともいわれる考え方に行きついてしまいます。それはそれで、壮大なスケールの話で面白いのですが、さすがに無理がありそうです。しかしアインシュタインという人は、偶然を嫌い、この世界のすべてをつかさどる法則を「神」として崇めていたそうですから、因果律が未来にどこまで影響を与えることができるのか、その範囲をきちんと定めたいという思いがありました。そのために思索を重ねていったのです。

光円錐と「時間の矢」

アインシュタインはこう考えました。

――原因があって、それが次のできごとに伝わるまでには、力とか情報とか、なんらかの伝達手段が不可欠だ。では、最もよくそれらを伝えるものは何か。それはこの宇宙を最大速度で進む光だ。たとえ真空であっても、光ならば伝えられる。ならば、光が進みうる範囲内でのみ、ある原因がある結果をもたらす因果律が成立する――

この光が進みうる範囲のことを「光円錐《こうえんすい》」（ライトコーン）と呼びます。あらゆるできごとは、この光円錐の中を逃れることができず、過去から未来へと一方向に進んでいると、アインシュタインは考えたのです。

図３－２が光円錐です。ここに描かれている、逆三角形と三角形の頂点を結んだ線の中だけでのみ、原因と結果は関係するとしました。この線は光の速度が届く限界範囲であり、その内部は、速度が光速度以下の、たとえば音などの伝達情報をすべて含んでいます。

この真ん中の頂点部分が、いま私たちがまさに存在する現在ということです。図に示されているように、そこはすべての過去とつながっているわけではなく、その下の三角形の領域とつながっている情報しか現在と関係しないことを物語っています。

さて、困ったことになりました。アインシュタインが原因と結果の関係を、光速の範囲に閉じ込めて、あまりにもきっちりと決めてしまったからです。

繰り返しますが、因果律とは原因と結果が順序だって関係するというルールです。それはすなわち、過去と未来の順序は変えられないということです。だとすると、時間は逆戻りするのかという本書での私たちのテーマは、ここで否定されてしまうことになるわけです。敬愛してやまないスターに通せんぼされるのは、私としてもつらいものがあります。ううむ。

たとえば、ＳＦ好きの間で、相対性理論について話すときによく登場するタイムマシンも、仮

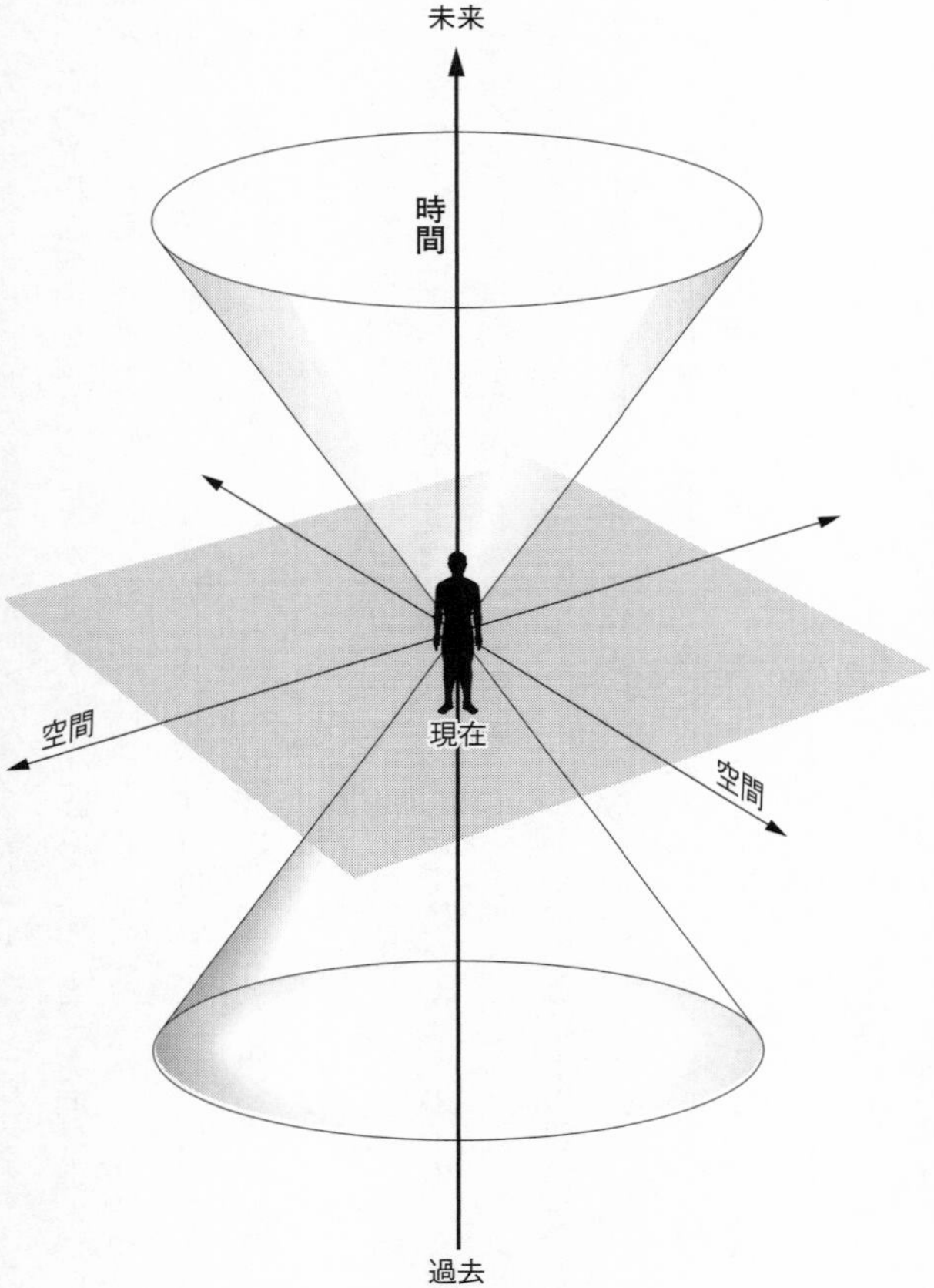

図3-2　光円錐のイメージ
光は上下の円錐の中だけを進み、原因と結果はこの中だけで関係しているという考え方

につくることができたとしても、因果律があるせいで未来にしかいけません。過去に戻って原因に何か変更を加えると、現在の結果と整合がとれず、因果律が成り立たなくなるからです。窮屈だぞ、因果律！

でも、あきらめるのはまだ早い。じつは私には、「奥の手」の用意があるのです。因果律が私たちに「時間の矢」を射かけてきて邪魔をするのは、光が過去から未来への一方向だけに進むものと考えたからです。もしも、逆に未来から過去に向かって飛ぶ光があれば、因果律とも矛盾せず、私たちの前に道が開けます。

そんな光、あるわけないじゃないか！　とお叱りをうけそうですが、じつはそうとも言えないことは、次の章でお話ししたいと思います。

第4章 量子力学と時間

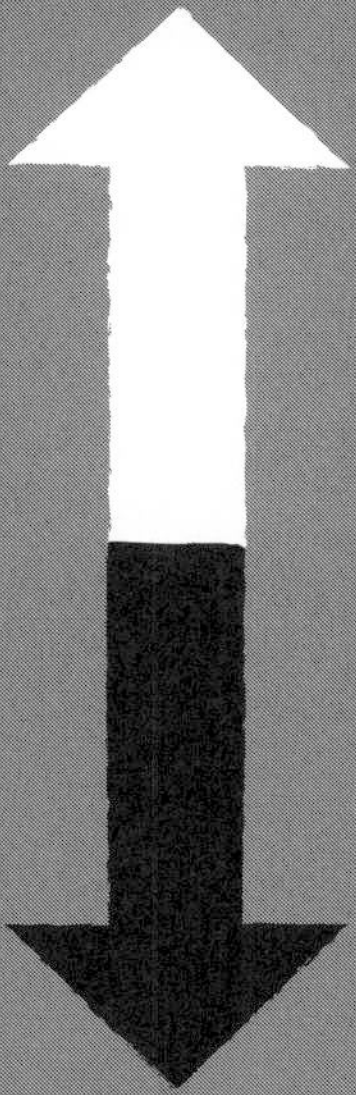

相対性理論に続いて、20世紀の物理学に起きたもう一つの革命——それが量子力学です。たった一人の天才が創りだした相対性理論とは違って、こちらはプランク、ボーア、ハイゼンベルク、パウリ、シュレディンガー、ディラックら、多くの物理学者による合作といった趣があります。それだけに複雑で、難解でもあり、なにより私たちの日常の感覚ではおよそ考えられないような、ぶっ飛んだ話が次々に語られます。量子力学を好きになれるかどうかは、このぶっ飛び具合を楽しめるかどうかにかかっているかもしれません。

時間についても、ウソでしょ？　と言いたくなるような考えが出てきますが、それが前章でお話ししたアインシュタインの因果律とどう対峙するのかが、この章の見どころです。

基本的な素粒子はクォークと電子

まずは、基本的な説明からいきます。すべての物質はどんどん分割していくと、細かい粒子に分けられていきます。粒子のことを「量子」とも呼びます。そして最終的には、「素粒子」と呼ばれる最小の粒子が姿を現します。量子力学の世界はここから始まります。

粒子の最小単位である素粒子は、ごくおおまかに分ければ、3種類あると考えられています。「クォーク」が2種類、それから「電子」です。これら素粒子を基本粒子ともいいます。じつは素粒子の種類はほかにもあるのですが、ここでは話を単純にしたいのでご了承ください。

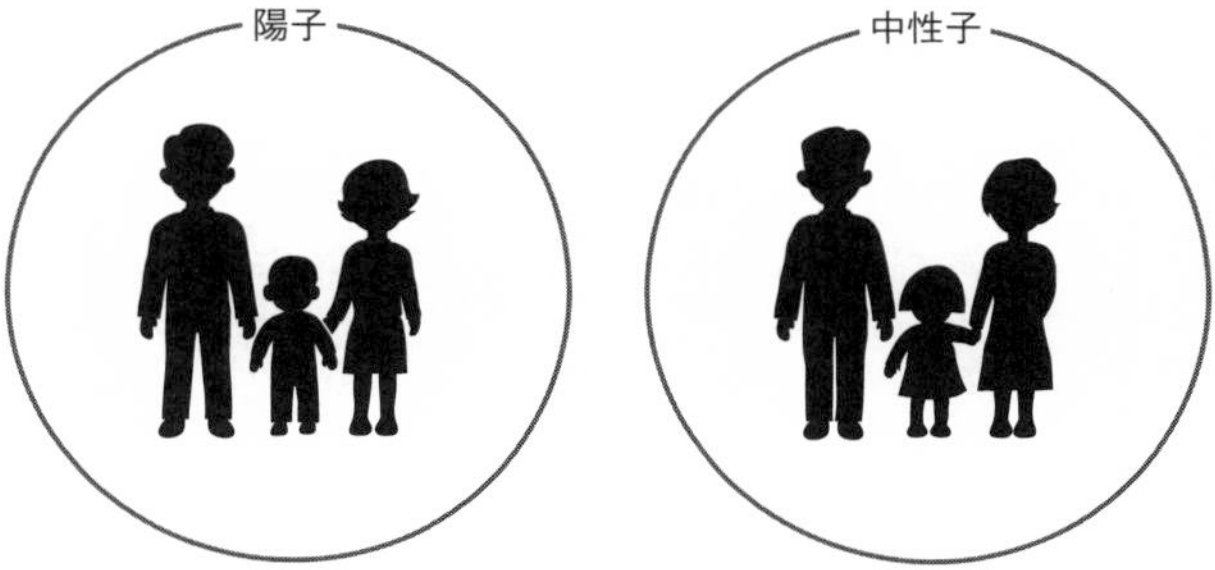

図4-1　クォークの「３人家族」
「陽子一家」は父・母・息子、「中性子一家」は父・母・娘

クォークはとても奇妙な粒子で、単独行動ができません。いわば超引っ込み思案な恥ずかしがり屋で、どこへ出かけるにも3人一組でなきゃダメなのです。クォークの二つの種類は、いわば男女のようなもので、３人だと男・女・男、または男・女・女の組み合わせになります。家族と考えれば、父・母・息子、あるいは父・母・娘です。こうした３人家族が一緒に行動すると、クォークよりも1ランク大きな粒子ができます。「陽子」と「中性子」です（図４‐１）。

陽子一家と中性子一家は、この世界にとってきわめて重要な役割を担っています。「元素」をつくるのです。ここには掲げませんが、みなさんも化学の授業などで一度は、元素の周期表を目にしたことがあるはずです。「水兵リーベ、僕の船……」と必死で暗記した方も多いでしょう（また愉快ではない思い出がよみがえるかもしれませんが)。

元素とは、さまざまな物質をつくる要素と考えられているもので、それに具体的な名前と背番号を与えたものが「原子」です。学校の理科では、原子が物質の最小単位と教えています。

周期表で原子番号1番の元素は、水素です。しかし水素原子はさらに分割することができて、1個の陽子と、1個の電子に分けられます。陽子と電子がなぜくっついているのかは、ちょっと説明が必要でしょう。粒子は電気をもっていることが多く、これを「電荷」といいます。電荷には正と負(プラスとマイナス)があり、陽子は正の電荷「+1」をもっています。一方、電子は負の電荷「−1」をもっています。プラスとマイナスはくっついて打ち消しあおうとする性質がありますので、陽子と電子はくっつきやすいのです。そしてくっつくと、電荷が+1−1で0となり、電荷をもたない水素原子となります。これが原子のでき方の基本です。

ただし現実には、電子がとれたり、くっついたりして、正負のバランスが崩れて電荷をもつので、ほかの元素とくっついて複雑な物質となっていくことが多いのです。電荷をもつ原子のことを「イオン」と呼ぶのは聞いたことがあると思います。

原子番号2番の元素は、ヘリウムです。じつは、この「1」とか「2」という番号は、単純に順番を示しているだけではなく、その元素をつくる陽子の数を意味しています。原子番号を一つ大きくするには陽子を1個増やすのだぞ、と製作過程を表しているのです。陽子が増えると、電気的バランスが崩れて電荷がプラスになるので、電子も増えることになります。

これが元素のつくり方

子どものころに組み立て式のプラスチック製のブロックで遊んだことはありますか。商品名になりますが、大ヒットした「レゴブロック」がわかりやすいでしょうから、ちょっとたとえに使わせていただきます（以下は略して「レゴ」と呼びます）。

まずは目の前に、大きくて赤いレゴと、小さくて黄色いレゴが1個ずつあると思い浮かべてください。そうしたら次に、それらをつないでワンセットにしてください。はい、これで水素の完成です。簡単ですね（図４－２右）。次にあなたは、このワンセットにさらにレゴをつないで、もっと大きくしたいと考えるはずです。それには、大きくて赤いほうのレゴを増やすのが効果的ですね。じつはこの赤いレゴが、陽子を表しています。しかし電気的につりあわせるためには、電子も必要です。それが小さい黄色のレゴです。

そこであなたは、最初のワンセットに赤いレゴと黄色いレゴを1個ずつ、つなげ、計4個になりました。これで原子番号2番のヘリウムが完成――と思いきや、まだ続きがあるのです。

ここで、もう一色のレゴが登場します。青いレゴの姿をした、中性子です（図４－２左）。さきほど、中性子は陽子と同じ3人家族と紹介しました。だから、青いレゴの大きさは、赤い

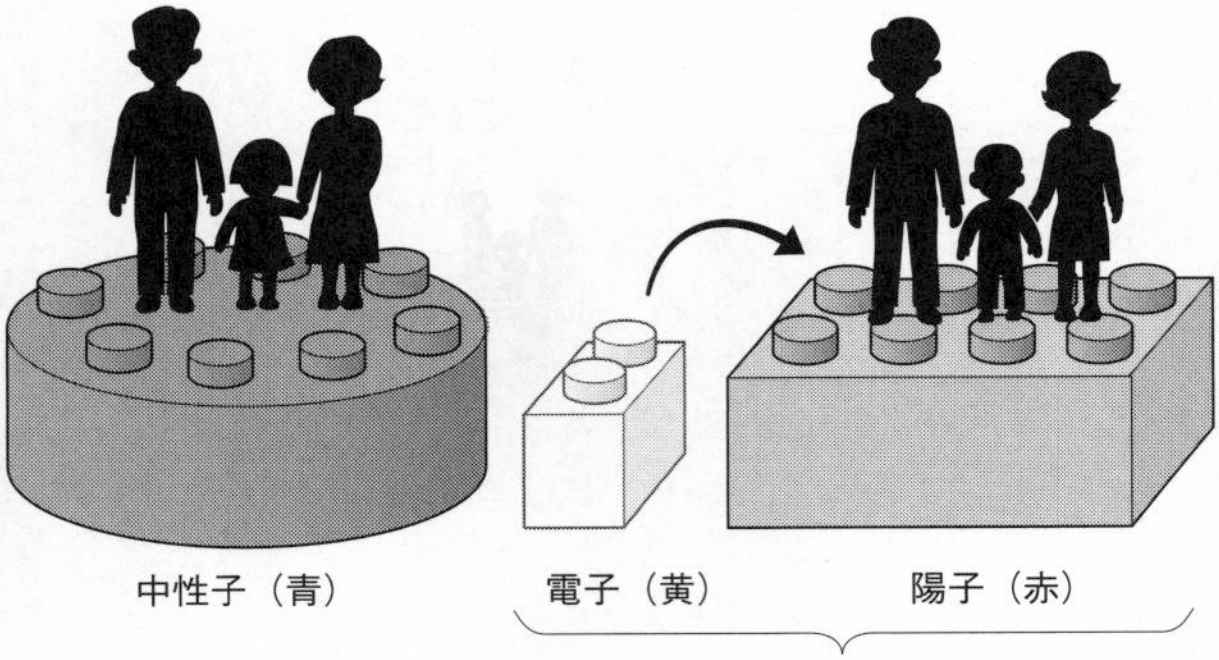

図4-2　赤いレゴ（陽子）と黄色いレゴ（電子）で水素ができる
原子番号２番（ヘリウム）以降は青いレゴ（中性子）も必要になる

レゴとほぼ同じです。しかし、形が違うのです。赤レゴや黄レゴは四角形なのですが、青レゴは円形と思ってください。これは、中性子が電気的にプラスでもマイナスでもなく、その名のとおり中性であることを表しています。

元素というものは非常に保守的で、とにかく安定することをつねに求めています。ヘリウムでは、平面の中心に赤レゴと青レゴを固めると、どういうわけかとても安定するようで、水素原子にはなかった青レゴをなんとしても持ってこようとします。そして電気的には、黄レゴも2個足してバランスをとります。

結果として、水素原子は赤1＋黄1でしたが、ヘリウム原子は赤2＋青2＋黄2と、レゴを6個も使うことになりました（図4‐3上）。陽子一家（赤レゴ）が2軒、中性子一家（青レゴ）が2軒で計4

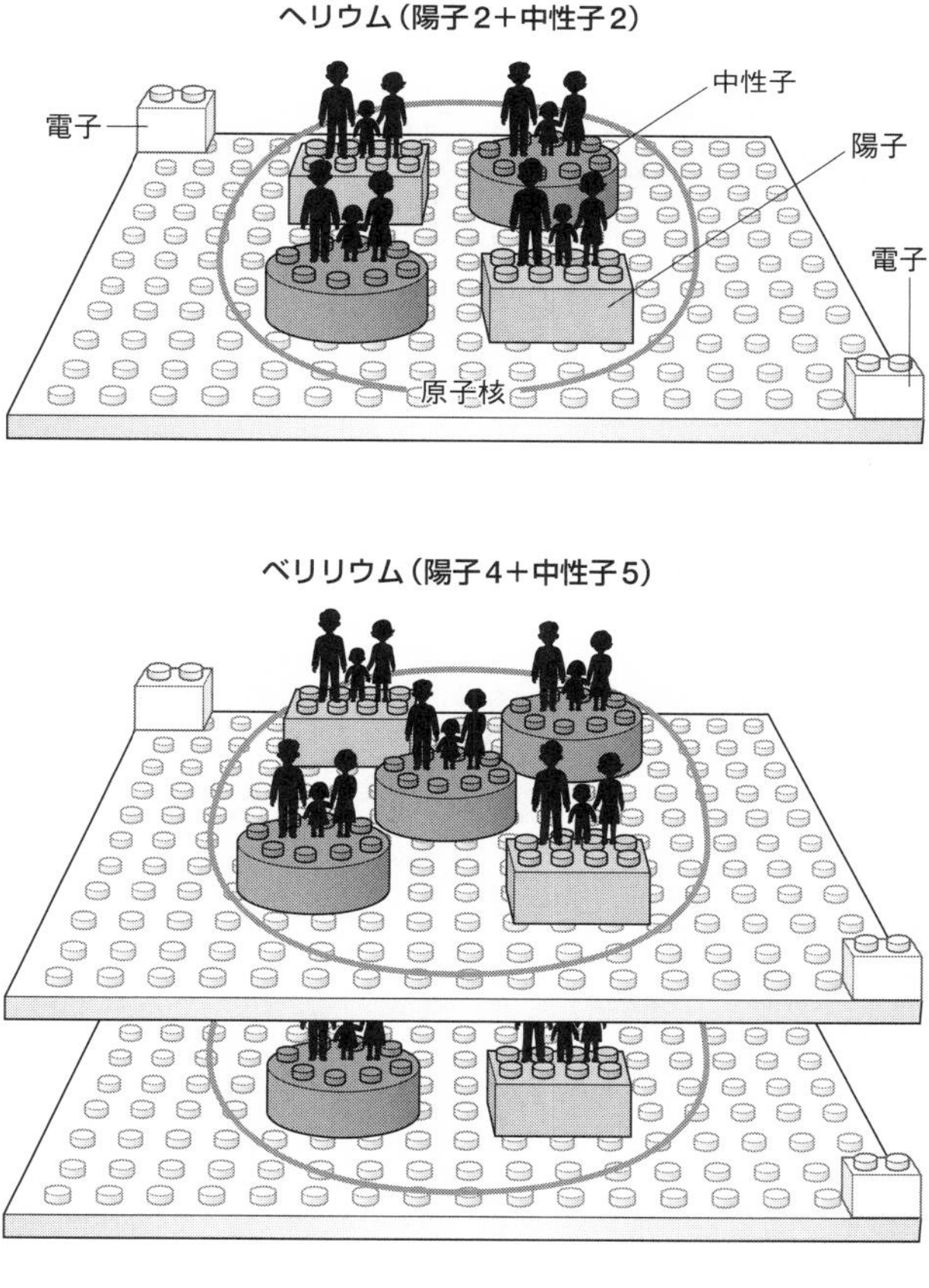

図4-3　レゴがつくる「村」や「街」
上：赤２＋青２＋黄２でつくられたヘリウムの「村」
下：赤４＋青５＋黄４が立体的に重なった原子番号４番ベリリウムの「街」（原子番号が大きくなると中性子が多いほうが安定する）

軒もあるので、小さな村のようでもあります。重さでは、ヘリウムは水素の約4倍になります。レゴの個数では3倍ですが、電子（黄レゴ）の質量は、陽子や中性子と比べると、かなり小さいからです。

原子番号3番のリチウム原子からは、ヘリウム原子の工程と同様に、赤レゴを1個ずつ増やしていきます。黄レゴも同数にして、電気的に中性にするのも同じです。ただし、原子番号が大きくなると、円形の青レゴ（中性子）が赤レゴ（陽子）より多いほうが安定するので、青レゴは1個くらい多めになります。

物理学の言葉では、この赤レゴと青レゴがくっついて安定したものを「原子核」と呼びます。そして黄レゴ、すなわち電子が原子核のまわりを回っています。これが、学校では最小の粒子として教えられる原子の姿です。

このように、水素原子の構造だけは特別にシンプルですが、その次のヘリウムからは、一定のルールのもとにどんどんレゴの数を増やしていけば、原子番号の数もどんどん増えて、どんどん重い元素がつくれてしまうのです。こうして説明してみるとあらためて、よくできているなあと感心します。やがてレゴの家はどんどんふえて、村から街ができ（図4-3下）、さらに街から都市ができていきます。こうした性質は人間の社会にも似ていますね。

我々はどこからきたのか

では誰がいったい、このようなルールを考え、元素をつくっているのでしょうか。神さま？　いや、それを持ちだすのはまだ早い。すべてを理屈で説明したい物理学者としては、元素をつくっているのは「宇宙そのもの」と答えたいところです。

何もない「無」から宇宙が誕生してから、「10のマイナス34乗秒」後までのあいだに、クォークができたようです。当時の宇宙は高温かつ高密度だったので、クォークはドロドロに溶けた濃厚スープのような状態でした。そのまま3分ほど煮込んだら、水素とヘリウムができあがりました。宇宙がつくった最初の元素は、カップラーメンのようなものだったわけです。

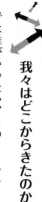

水素とヘリウムは、宇宙空間ではガスのように存在しました。このガスが、少しずつ1ヵ所に集まっていったら、星ができました。ここでいう星とは、みずから輝く恒星（＝star）のことです。ヘリウムよりも重い元素は、この星の中でつくられるようになります。星がもっている自分自身の重さによって圧力がかかり、レゴのかたまりがおにぎりのようにギューッと握りしめられると、赤いレゴが一つずつ増えて、周期表にある次の元素に「格上げ」されていくのです。

しかし、星がつくれる元素は、原子番号26番の鉄までです。鉄より大きな元素は、少し悲しいことですが、ここまで元素をつくってくれた星が死んでしまわないとできません。星は自身の重さでつぶれていくと、やがて形を保てなくなり爆発します。この星の死を「超新星爆発」といいます。このとき生じるすさまじいエネルギーによって宇宙に散らばったレゴたちが合成され、原子番号27番のコバルト以降の元素（これを重元素といいます）がつくられていくのです。あなたの指に輝く金やプラチナも、この星の自爆から届けられました。少し切ないですね。

周期表とは、そんなふうにしてつくられた元素のカタログです。たとえば、私たち人間を含む生物はおもに水素、炭素、窒素、酸素からできています。高層ビルは赤レゴ26＋青レゴ30からできている鉄でつくられています（円形の青レゴが多いほうが高く積み上げるには安定します）。そして鉄はまた、一見、無関係に思える動物の体でも、酸素とくっついて血液となって流れています。材料レベルで見ると、高層ビルは血液に毛が生えたようなものなのです。

このように、どんなに複雑な、それこそ神の創造としか思えないものでも、ばらしてしまうとわずかな種類のレゴの組み合わせにすぎないことは、考えれば考えるほど、簡単には納得することができない驚きです。なお、これら周期表に書いてある元素によってできる物質を、総称して「バリオン」と呼んでいます。この世で私たちが知っている物質は、すべてバリオンです。

このように量子の世界に目を向けると、「我々はどこからきたのか」という根源的な疑問にも、ある程度は答えられるようになります。私たちの身体をつくる元素は最初に星から生まれ、さらに星が死んでこれだけ多種多様になったのです。よく「死んで星になる」といわれますが、星が聞いたら、「逆だよ逆！」と訂正してくるでしょう。

「僕たちが死んで、君たちが生まれたんだよ」と。

SF映画ではよく「この惑星から地球にはない金属が見つかった」みたいな話がありますが、その金属も分解すれば必ず、周期表にある元素の組み合わせです。その意味では元素表は、宇宙人と話すときにも共通の教養として役に立つはずです。お互いの言葉はわからなくとも、地球で使われている周期表を見せれば「ああ、それがわかってるなら話が早い」と共感をもってくれて、きっとコミュニケーションがスムーズになるはずです。宇宙人と仲よくなるために、化学をもう一度勉強してみてはいかがでしょう。

しかし、私たち地球人は、いまだに解くことができない難問も抱えています。じつは、この世の物質のすべてであると私たちが思い込んでいたバリオンは、宇宙全体でみれば超マイノリティであることが、20世紀も終わりになってわかったのです。宇宙のすべての物質の中で、バリオンが占める割合は5％にも満たないらしいのです。宇宙はバリオンの5倍もある「ダークマター」や、バリオンの14倍で宇宙の7割を占める「ダークエネルギー」といった怪しげな連中に支配されています。しかし、その正体が地球人にはまださっぱりわかっていないのです。すでにわかっている知的生命体は、いったいこの宇宙にどれだけいるのでしょうか。そう考えると、たかが5％のバリオン世界の、小さな惑星の中で争っている場合ではないと思えてきます。

素粒子の「トンネル効果」

繰り返しますが、世界は（少なくとも、いま私たちが知っている世界は）素粒子でできています。ここまでは、そのことを実感していただけるような話をしてきました。しかし、量子力学の真骨頂はここからです。それは、およそ実感することなど不可能な世界です。どうやらこの自然界には、ミクロとマクロという2通りの世界があって、私たちがふだん生きているマクロの世界の常識では信じられないようなことが、ミクロの量子力学の世界ではふつうに起こっているようなのです。

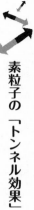

量子力学の世界で最も不可解なのは、ご存じの方も多いと思いますが、素粒子は「粒子」でもあり「波」でもあることです。そんなことをいわれて、具体的にイメージできる人がいるでしょうか。素粒子の中に粒子の部分と、液体のような波の部分があるとか、素粒子が場合に応じて粒子になったり波になったりするとかなら、まだ想像がつきますが、そうではなく、粒子と波の性質を「同時に兼ねそなえている」のです。しかし、この性質こそが、あとで述べますが時間というものの本質にも関わってきます。

素粒子のそんな性質が起こす現象に、「ものをすり抜ける」「同時に二つの場所に存在できる」などがあります。SFみたいな話ばかりですが、いずれも実際に自然界で起きていて、科学的に

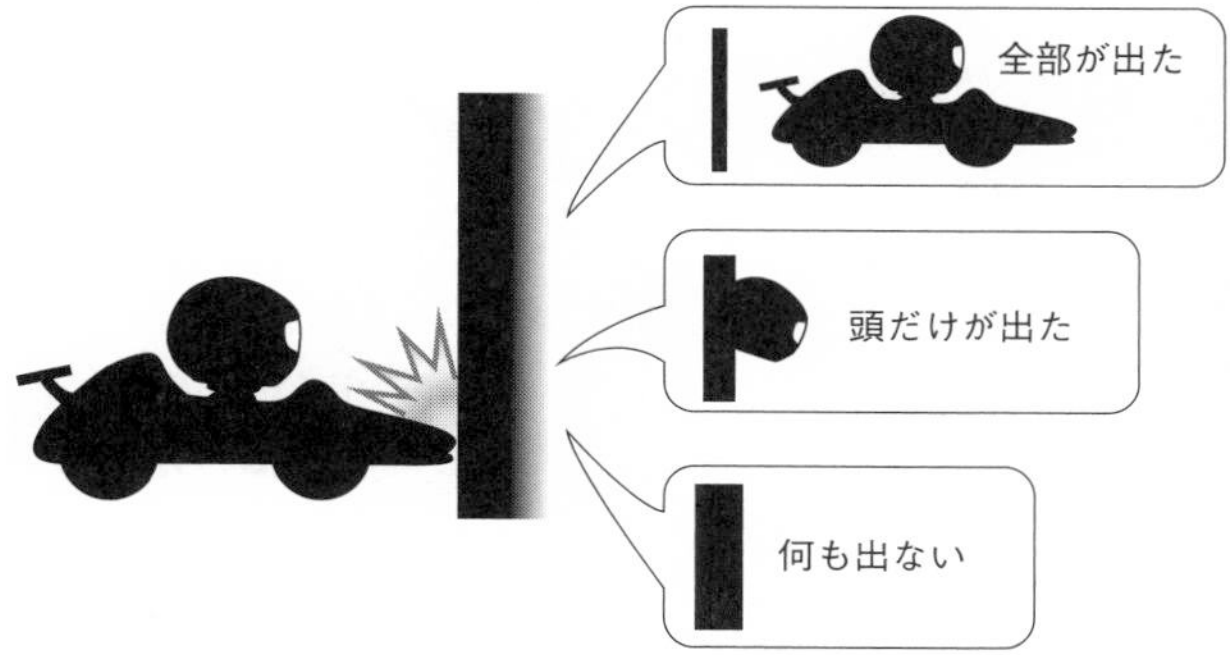

図4-4　トンネル効果
壁の向こうに身体が染み出る（出かたは壁の厚さによっていろいろ）

確認されている現象なのです。

たとえば、ものをすり抜けるとは、こういうことです。あなたが公道でクルマを運転していて、時速３００㎞で急カーブを曲がれば、あなたがＦ１レーサーでもないかぎり、壁に激突したり人をはねたりして大事故になるでしょう。しかし、もしもあなたがミクロの量子世界に行って、素粒子となって同じ運転をしたら、事故が起こるとはかぎりません。あなたは壁や人をすり抜けて、その向こう側へ出ていってしまうかもしれないのです。

なぜなら、あなたは「波」でもあるからです。波には「回折《かいせつ》」といって、障害物があってもその向こう側にまわり込んで進める性質があります。そのために携帯電話などの電波や、さまざまな騒音は、壁を通り抜けて伝わることができます。そして同じことが、波であるあなたにも起こりうるのです。これを「トンネル効果」といいます。

ただし、イメージとしては「すり抜ける」よりも、「染み出る」に近い気もします。壁に激突したあなたの身体は、徐々に壁の中に消えていきます。そして反対側に出てくるときは、壁の厚さによって、全身が出てくるときもあれば、頭だけとか、中指と小指だけとか、あるいはまったく出てこられないこともあります（図4－4）。なんとも奇妙な世界ですね。

素粒子の「不確定性原理」

では、「同時に二つの場所に存在できる」とはどういうことでしょう。じつは素粒子には、ある時刻にどの位置に存在しているかをはっきり決められないという、不可解な性質もあるのです。これをもっと正確にいうと「素粒子の位置と速度は同時には決まらない」ということです。位置が決まれば速度が決まらず、速度が決まれば位置が決まらなくなるのです。このような関係を、物理学では「不確定性関係」といいます。そして速度とは位置を時間で割ったものなので、これは、時間と位置に不可解な関係があるともいえることになります。このなんともおかしな、シーソーのような関係のおかげで、素粒子は同時刻にいろいろな場所に存在することができてしまうのです（図4－5）。

なぜこのようなことが起こるのかを、理解するのは至難の業です。でも、なんとなくであって

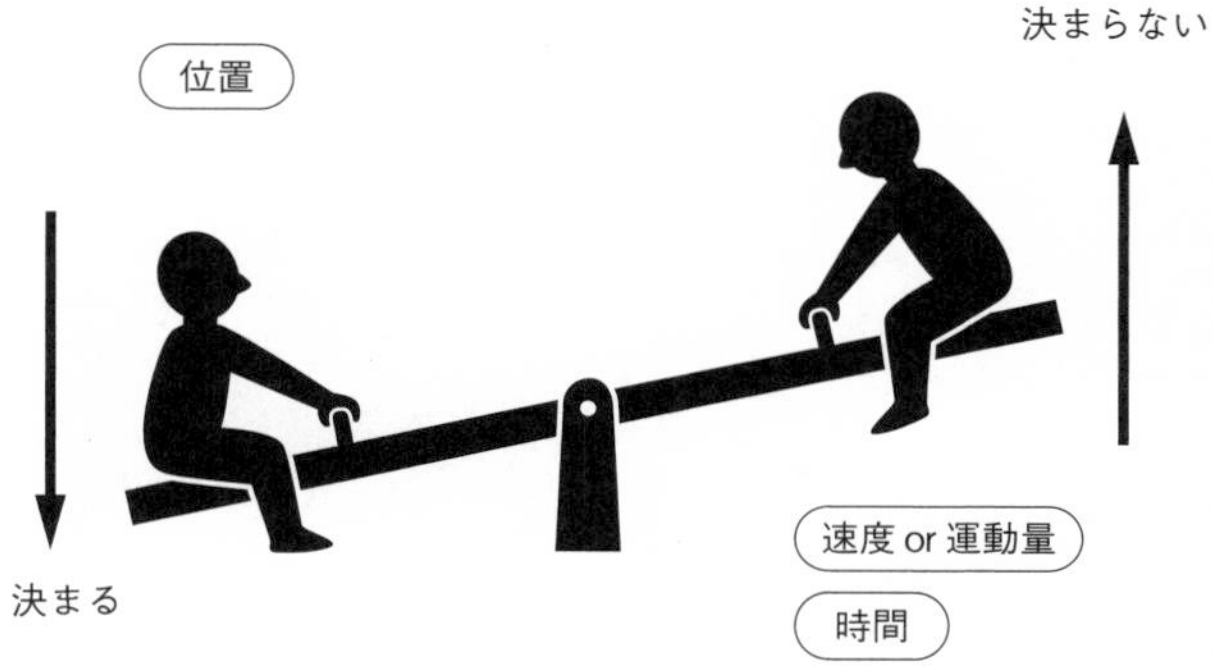

図4-5　不確定性関係
どちらかが決まると、どちらかが決まらない

もイメージしたければ、素粒子は堅い球形や粒状のものではなく、いわば雲や霧のように広がりのある状態で存在していて、その中のどこにいるかは確率的に決まる、と思っていただくとよいかもしれません。たとえば原子核の周囲をぐるぐる回る電子も、位置を確定的に決めることができません。電子が回る軌道のあたりに、やはり雲や霧のようにもわっと存在している（図4－6）、というのがいまの物理学者たちにできる精一杯の表現です（それでも、やっぱりわからないかもしれませんが）。

なお、「位置と速度の不確定性関係」は、「位置と運動量の不確定性関係」と言うこともできます。「速度」は「運動量」とみることもできるからです。素粒子の位置が決められたとき、素粒子は運動の速度が決まらないだけでなく、そもそも運動しているのかも決まりません。その意味では、「位置と

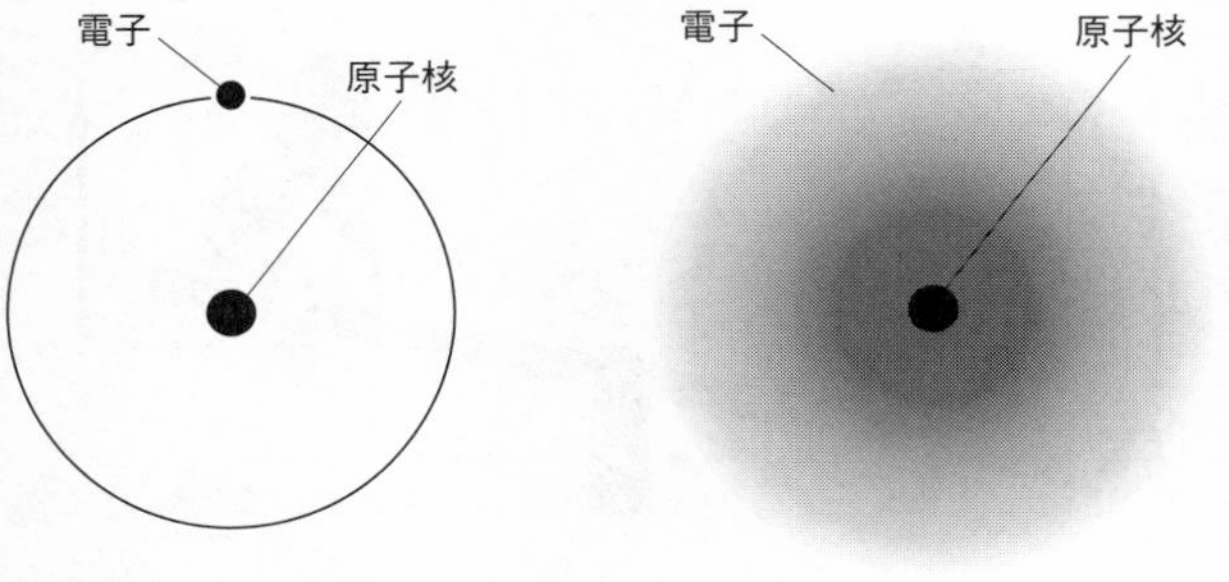

図4-6　電子の存在のしかた
左図のように思いがちだが、じつは右図のようにもわっとしている

運動量の不確定性関係」と呼んだほうが正確です。反対に、素粒子の運動量が決まると、そのときの素粒子の位置が決まらないことはもう言うまでもありませんね。

ミクロの量子世界では、こうした不確定性関係がしばしば生じます。素粒子にこのような性質があることは、1927年にハイゼンベルクが発見しました。そのため、この性質は「ハイゼンベルクの不確定性原理」とも呼ばれています。

ここで、素粒子を主人公にしたミステリーをご紹介しましょう。1965年にノーベル物理学賞を受賞された朝永振一郎先生が著した「光子の裁判」という短編小説です（講談社学術文庫『鏡の中の物理学』所収）。私が所属する筑波大学（当時の東京教育大学）の学長も務めた朝永先生は、物理学者としてだけでなく、一般の人々に科学の知見をわかりやすく噛み砕いて説明する語り部としても一流の人でした。

なんらかの罪（おそらく殺人）を犯した疑いで逮捕され、被告となった「波乃光子」が、裁判で検察官から、犯行時刻におけるアリバイについて聞かれています。

——その時刻に、あなたがA地点にいたことは目撃されている。にもかかわらず、あなたはB地点にいたという。これは矛盾しているのではないか？

検察官からそのように問われたのに対して、なんと、光子の答えは——。

「私はその時刻に、A地点にもおりましたし、B地点にもおりました」

自分は同時に二つの場所に存在していたとして、アリバイがあることを主張したのです。法廷にいる全員があっけにとられるなか、光子は波のようにふるまって、二つの窓から同時に外に出ていってしまいます。お気づきの方も多いように、「光子」とは、光をつくる素粒子の名前でもあります。彼女はその名のとおり、まさに波としての性質を発揮してみせたのでした。この作品はまるでサスペンスドラマのように素粒子の奇怪な挙動が語られていますので、量子力学の入り口としてご一読をおすすめします。

未来は確率でしか予言できない

量子力学はぶっ飛んでいると言った意味がおわかりいただけてきたでしょうか。素粒子の世界ではこのように、私たちの直観がまったく通じません。とてもじゃないけどイメージできない、とみなさんが思われたら、それは正しい感想です。世の中には量子力学の入門書もたくさん出ていて、なんとなく「こういうことかな」と思えるように伝え方をうまく工夫しているものもあります。それらに比べて、私の表現が拙《つたな》いことは否定しません。しかし、そもそも量子力学というものを言葉で表現することは無理なのです。本当に理解している人は物理学者にもいないと私は思っています。あえて言語化しようとすると、どこかに誤解が生じてしまうおそれがあります。なまじ、わかった気になるよりは「こんなもん、わからん！」と匙《さじ》を投げるほうがマシなくらいなのです。

たとえば私たちが芝居を観にいけば、舞台の上で役者たちが演じるさまを鑑賞することはできますが、舞台裏で監督がどんな台本を書き、どのようにリハーサルしたかまでは見ることができません。量子力学の世界も似ています。私たちにできることは、客席に座って、素粒子がどのようにふるまうか、現象を観察することだけです。素粒子はなぜそんなことをするのかを問うのはもちろん、科学的には正しい態度ですが、少なくとも、いまの私にはみなさんにそれを上手に伝えることはできません。

そんな量子力学のぶっ飛んだ本質が、最もよく表れている言葉は「確率」ではないかと思います。ここではその反対の概念を「決定論」であると考えて、両者を比較していきます。

前章までに紹介したニュートンの運動方程式も、アインシュタインの相対性理論も、方程式に書くことができました。方程式とは、本質的には時間ごとの変化を前提としているのでしたね。だから、ある時刻での状態を微分方程式の形に書けば、未来のある時刻での状態を決定的に予言することができます。つまり現在がわかれば、必ず未来を予測することができる。これが決定論といわれる考え方です。私たちを取り巻く自然界の未来を、決定論によって予測可能にしたのがニュートンであり、さらに、光速に近い速度や、ブラックホール級の重力がある宇宙全体にまで決定論を押し広げたのがアインシュタインだったわけです。

そこへ登場したのが量子力学です。ミクロの素粒子の動きを記述する量子力学にも、もちろん方程式があって、微分方程式によって未来を予言することができます。そこまでは決定論と同じです。ところが、量子力学が予言するのは「必ず起こる未来」ではなく、そのような未来が起こりそうな「確率」なのです。その未来が起こる確率は１００％ではなく、まるで天気予報の降水確率のように、60％だったり、30％だったりするのです。

未来が一つに決まらないというこの不確定性が、ミクロの量子世界ではところかまわず出没して、私たちの直観を揺さぶってきます。たとえば、ニュートンの運動方程式での説明のように、ボールを水平に転がすことを考えてみると、決定論の世界では、ボールがある時刻にどの場所にいるかは１００％決まります。しかし量子世界では、ボールがある時刻にどこにいるかは確率でしか予測できません。ある場所には60％の確率で存在し、ある場所には40％の確率で存在するといったように、さまざまな場所に可能性があるのです。

さきほどお話しした素粒子が雲か霧のように存在しているイメージとはこのことです。素粒子がものをすり抜けるときに、壁の向こう側にどれだけ染み出すかわからないのも、この不確定性のためなのです。

因果律は破れるか？

ではそろそろ、この章のメインテーマに入っていきましょう。

時間が逆戻りする可能性を追いかけてきた私たちは、前章の最後で因果律の壁に突きあたり、「やっぱり逆戻りなんか無理なんだよ……」と挫折しかけていたのでした。アインシュタインが厳密に考え抜いた因果律によれば、光速の範囲内では、原因から結果へ、過去から未来へと進む「時間の矢」があって、それには誰も逆らえないように思われたからです。

ところが、ミクロの素粒子による量子力学の奇怪さは、アインシュタインでさえ予想もできないものでした。その出現によって、あらゆる既成概念は根底から覆され、時間についてもまた、これまで想像もされなかったぶっ飛んだ考えが現れたのです。

ここまでみてきたように量子力学には不確定性原理というものがあり、時間と何かがしばしば不確定性関係にありました。もう少し具体的にいうと、どのような値をとるかが、ある範囲の中で揺らいでいるということです。

とすると——もしも時間がプラスの値とマイナスの値の間を揺らいでいたら、「時間の矢」にしたがってプラス方向だけに進んでいた時間が、ふとした弾みで揺らいで、逆にマイナス方向に進むこともありうるのではないでしょうか。つまり「時間の矢」が逆向きになるのです！

このように、量子力学の考え方を導入すると、因果律を破れる可能性が出てきます。私が前章の終わりで「奥の手」と言ったのは、このことです。

因果律から導かれる決定論を信じていたアインシュタインは、量子力学が台頭してくると猛然と反発しました。未来が確率で決まるという考えがどうしても受け入れられなかったからです。

「神はサイコロを振らない」

と彼が言ったのは有名です。しかし、じつは光が光子という素粒子でできていることを発見して、量子力学の幕開けに貢献したのも、当のアインシュタインだったのです。皮肉な話です。

そして、いまや現実に、私たち動物も、草木も鉄も石も星も、この章の前半で見てきたように赤や黄や青のレゴブロックでできていて、それらは不確定な素粒子のかたまりだとわかりました。そうである以上、真実はこうなのだと認めざるをえないでしょう。

「神はサイコロ大好き！　ギャンブル大好き！」

どうやらこれが、神さまの正体のようです。東京にカジノができたら、遊びに降りていらっしゃるかもしれません（笑）。

確率的な未来など気持ち悪いというアインシュタインの気持ちは、よくわかります。なんといっても決定論には、シンプルで整然とした美しさがあります。でも私自身は、未来は過去によって決められているよりも、不確定であるほうが、希望がもてて、救われるような気がします。みなさんはいかがですか。

量子力学の怪　①エネルギーは飛び飛び！

量子力学によって、あの手強い因果律を破れる可能性が見えてきました。それをご理解いただければ、この章の目的はほぼクリアです。

次の章からはいよいよ、最新の研究成果もみていきながら、時間が逆戻りする可能性について本格的に考えていくことになります。ここではその予告編として、このあと掘り下げていく予定のトピックをいくつかあげておきましょう。

量子世界の不確定性関係で、時間のパートナーとして非常に重要なものに「エネルギー」があります。両者はお互いにからみあった、不可分な関係にあります。時間を正確に決めようとすると素粒子がもつエネルギーの量が決まらないし、逆に素粒子のエネルギー量を決めると時間が正確には決まらないという関係です。

ところで、量子力学はまだまだ奇怪な性質をもっていて、その一つにこんなものがあります。

「エネルギーの量が飛び飛びの値をとる」

私たちは水の流れは隙間なく続く連続的なものと感じています。エネルギーというものについても、無限に細かく分けることができて、どんな値でもとれる連続的なものと考えてきました。ところが、ミクロの量子世界では、エネルギーは連続的ではなく、物差しに刻まれた目盛りの上にぽつんぽつんと存在するように、飛び飛びの不連続な値をとるというのです。かなり雑にいえば、１の次は１・００００…１とかではなく、２になるということです。実際にはその値はきわめて小さいので、私たちは連続的だと錯覚していたにすぎない、というのです。これもまた、すぐにはイメージしにくい話ですよね。

しかし、ここであなたが、

「エネルギーが不連続ということは、そのパートナーである時間も飛び飛びなのでは？」

と思えれば、立派な物理学者になれます。

実際に、そう考えた人がいました。じつは時間も無限に細かく分割できるわけではなく、最小単位のようなものが飛び飛びに存在しているのではないだろうか――「はじめに」で名前を挙げたロヴェッリの奇抜な発想です。彼はさらに、「じつは時間など存在しないのではないか？」という考えに至り、著書『時間は存在しない』で問題提起しています。このスリリングな話題は時間の逆戻りともおおいに関係してきますので、あとでくわしくお話しします。

量子力学の怪　②観測者が状態を決める！

もう一つ、量子力学ならではの奇怪な性質があります。というか、これこそが最も変てこで、最も難解な、いまだに解決されていない大問題です。

いままではボールをA地点からB地点に転がせば、誰かが見ていようと見ていまいと、ボールはA地点からB地点へ転がりました。はい、何を言ってるのかわかりませんよね。

なんとミクロの量子世界では、素粒子をボールとみなしたとき、ボールがどのように転がるかは、誰かが見ることによって変化してしまうというのです。ある運動が、観測されることで変化してしまう——つまり、あなたが見ることで世界が変わってしまうのです！

量子世界では時間と位置、あるいは時間とエネルギーは不確定性関係にあって、切っても切れないパートナーどうしであることをお話ししました。そしてじつは、観測者と、観測される対象とのあいだにも同じような関係があって、お互いにからみ合っているのです（といわれても頭がこんがらがるばかりかと思いますが）。

観測される対象がどんな状態にあるかは、観測されないかぎり一つに決まりません。A地点からＢ地点に転がっている最中かもしれないし、Ａ地点で止まったままかもしれないし、どこかでポンポン跳ね回っているのかもしれません。さまざまな状態が、それぞれある確率をもって同時に存在しているのです。ところが観測者が観測することで、対象の状態は一つに決定されます。そして決定されてしまえば、それ以外の可能性は一瞬で消滅してしまうというのです。

このトンデモ科学のような考え方が、量子力学では「古典的な仮説」とされているのですからまた驚きです。では、もう一方の、新しい考え方はといえば――観測してもさまざまな可能性は消滅せず、同時に存在しているというのです！　まさにＳＦの「並行世界」そのものです。

これは「量子力学の解釈問題」といわれていて、いまもなお解けていません。最先端の研究者たちが、新旧どちらの説が本当に正しいのかをめぐって現在も、大真面目に議論を続けているのです（どちらかの説が正しくても、信じられないことですが）。

この問題について考える思考実験として、非常に有名なのが「シュレディンガーの猫」です。みなさんもその言葉くらいはお聞きになったことがあると思います。思考実験とは、たとえば、ある問題について極端な条件で考えることで問題の本質をあぶりだすような手法です。１９３５年にシュレディンガーは、次のような状況を考えました（図４‐７）。

外からは中が見えない箱に猫を１匹入れて、箱の中を放射性物質のラジウムで充満させます。さらに青酸ガス発生装置と放射線量測定装置を入れて、この二つを接続します。

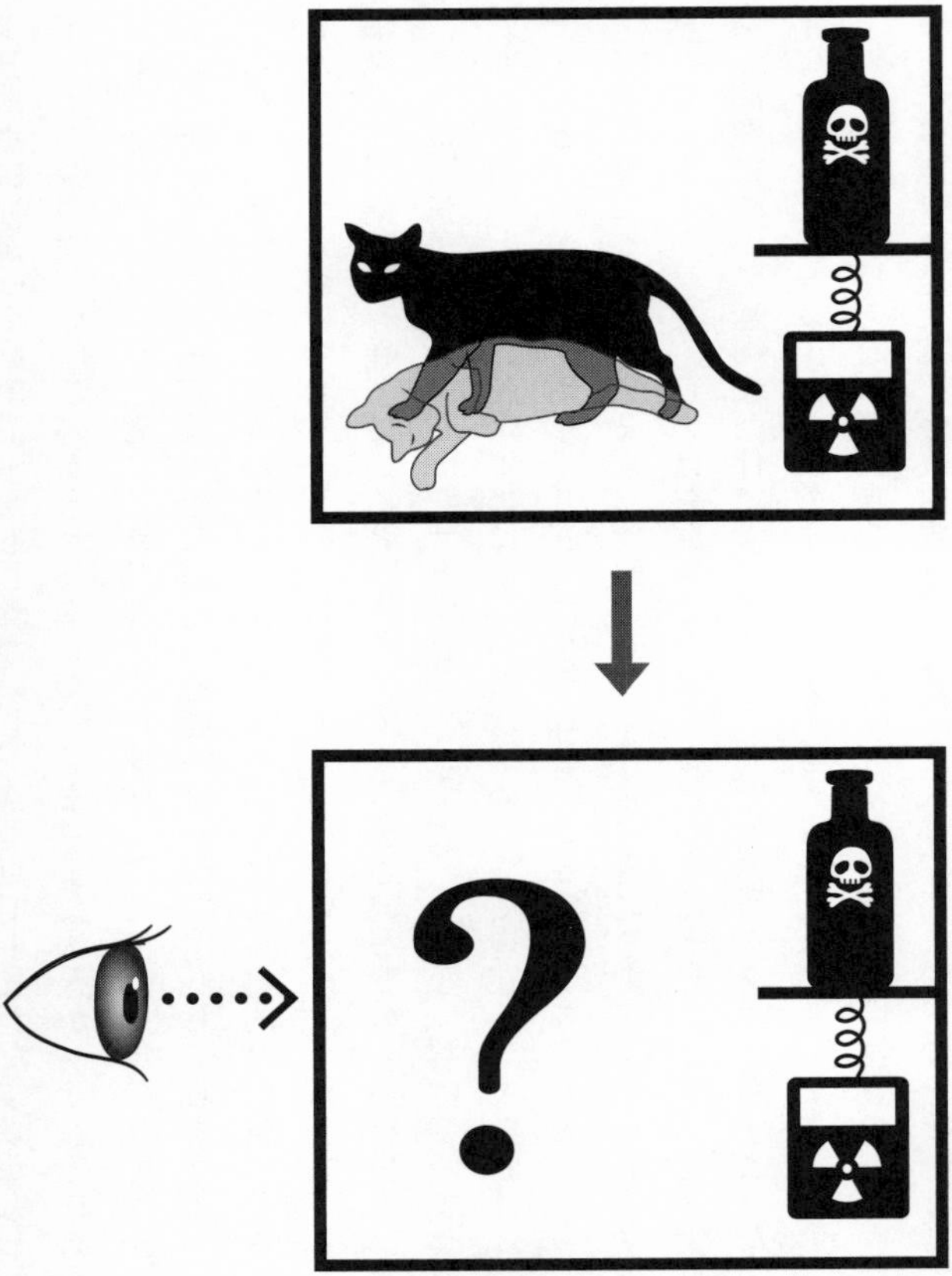

図4-7　シュレディンガーの猫
猫の生死はあなたが観測するまで決まらない

これは、ラジウムがα崩壊を起こして放射線（α線）を放出したら、それを放射線量測定装置が感知し、それによって青酸ガス発生装置が起動して青酸ガスが出てくるようにしたものです。α崩壊が起これば、箱の中は青酸ガスで満たされ、猫は確実に死にます。そして、１時間の間にラジウムがα崩壊を起こす確率は50％とされています。つまり、１時間後に猫が生きているか死んでいるかは、それぞれ50％ずつの確率というわけです。それにしても残酷な設定で、子どもに量子力学について教えるとき、どんな顔をしてこの話をしたらよいのやら悩みます。

さて、この思考実験のポイントは、ラジウムのα崩壊はミクロの素粒子的なスケールの現象なので、α崩壊が「起こった状態」と「起こらない状態」のどちらか一つには決まらず、半分ずつの確率で同時に存在していることです。つまり、猫が「生きている状態」と「死んでいる状態」が、同時に存在していることになるのです。どちらか一つに決まるのは、あなたが箱を開けて、中を観測したときです。あなたの責任は重大です。

シュレディンガーはこの思考実験で、次のようなことを言いたかったようです。

ミクロの素粒子ならともかくマクロの猫で、「生きている状態」と「死んでいる状態」が同時に存在するなんてことがありえるだろうか？　観測によって猫の生死まで決まるというのは無理があるのではないか？　いったいミクロとマクロの境界はどこにあるのか？

シュレディンガーは自身も量子力学の研究をしていましたが、この理論にはまだ欠陥があると思っていたようです。じつは、この鋭い指摘への答えは、いまだに出されていません。しかも、さらに考えが進んで、現在ではこんな根本的な問題も提示されています。

この宇宙が生まれたとき、宇宙はインフレーションという現象によって急激に膨張しましたが、広がった宇宙は完全に均質ではなく、ごくわずかなムラがありました。このムラが宇宙の構造の「種」となり、銀河や星などをつくって宇宙を豊かなものにしました。私たちがいま存在しているのも、そのおかげです。ところが、ここで疑問が湧いてきます。

このムラは、量子力学の対象となる極小スケールの存在でした。つまり、もともとはどのような状態かが確率的にしか決まっていませんでした。それが宇宙の構造の「種」として実体をもったのはなぜでしょうか。古典的な量子力学の考え方にしたがえば、それは誰かが観測したからです。しかし、できたばかりの宇宙で、いったい何者が観測したのでしょうか?

ここまでくると、さすがに「神さま」という答えに頼りたくなりますが、この超難問にはまたのちの章で取り組んでみたいと思います。

時間も素粒子でできている?

量子力学の世界は、私たちが思っている以上に裾野が広いのかもしれません。

「私は彼の恋人なのかしら? それともまだ友だちなのかしら?」

こんな揺れ動く乙女心さえも、脳内の素粒子に不確定性関係があることの表れであることが、いずれわかる日がくるかもしれません。じつはこのような揺れ動く状態は、量子コンピュータでは非常に有用になっているのです。

この章の冒頭では、話を単純にするため素粒子は3種類とお話ししましたが、厳密にいえば、素粒子は17種類もあると現在では考えられています。そのうち9種類が、現実世界に存在する物質の90％以上に関与しています。けっこう、種類があるのです。こうした「部品」の多さが、量子力学の裾野を広げているともいえます。

しかし、もし古代のアリストテレスにそう伝えたら、一喝されるかもしれません。「自然がそんなにややこしいはずがない。やっぱり俺が考えた5元素が正しい！」と。

さらにいえば、この世の中をつくるためには、これら素粒子に加えて重力などの力や、時間や空間などの器といったアイテムも、別途、必要になってきます。「簡単に世界がつくれる」という有料サイトに会員登録したものの、入ってみれば「世界をつくる」というボタンを押すために、さらに課金されるようなものです。世界はせちがらいですね。

でも、もしかしたら課金は一度だけですむかもしれません。初めて聞く方には意外でしょうが、じつは力も、素粒子でできているのです。さらには時間も、もしかしたら素粒子のようなものの集まりかもしれないのです。だとしたら、世界をつくるには素粒子に一度、課金するだけで

ＯＫということになりますが、はたしてどうなのでしょう。そんなことも、このあと考えていきます。

とりあえず、時間を考えるための物理学のおおまかな話はこれでいったん終わります。とくに量子力学の台頭が、古代からの時間についての既成概念を打ち破ったことは銘記していただきたいと思います。次章からはいよいよ、最新トピックをまじえて時間の逆戻りを考えます。

第5章 「宿敵」エントロピー

準備運動を終えて、さあこれから本番というところで、この章のタイトルを見て面喰った方も多いかと思います。いかにも〝ラスボス〟という感じでご紹介したエントロピーが、早くも姿を現しました。「まだ早いのでは？」と心配されているかもしれませんが、この相手とはこのあとも何度も対決することになりますので、早めに一度、相まみえておくのも悪くないでしょう。

この際ですから、この旅で最大の山場の一つとなるところまで、一気にめざしてみましょう。さあ、行きますよ！

「永久機関」への挑戦

最初はこんな話から始めます。一見、時間とは関係なさそうですが、じつは大ありですので、ちょっと我慢してついてきてください。

みなさんも「永久機関」という言葉は聞いたことがあると思います。永遠に走る自動車とか、永遠にお湯を沸かすポットとか、永遠に悪と戦うロボットとか、なんでもいいのですが、永遠にある仕事を続けられるシステムのことです。ただし重要なのは、そのためのエネルギーはどこからももらわずに、自前で調達しなくてはならない、ということです。ここがポイントです。

もしもそんな機械ができたら、もう人類はエネルギー問題で悩むことはなくなります。戦争もなくなるかもしれません。18世紀の科学者たちは、本気でそんな夢を見ました。われこそは永久機関を発明せんと、血眼になったのです。それはかつての錬金術ブームにも似ていました。

しかしやがて、そんな無から有を生むようなものをつくるのは、不可能だということがわかってきました。それは、みなさんも学校で習った「エネルギー保存の法則」に反するからです。忘れてしまった方はあとでネットででも調べてみてください。この時点で断念された永久機関を、「第一種永久機関」といいます。

ところが、人類はあきらめませんでした。だったら、機械が仕事をしたときには熱が発生するから、それをすべて回収してとっておき、次に仕事をするときにエネルギーとして使ったらどうだろう？　と考えたのです。これならエネルギーを熱→仕事→熱→仕事……と変換していくだけで、無から有を生むわけではないので、エネルギー保存の法則に反することなく永久機関を実現できるのではないか、と。この場合のポイントは、エネルギーを変換するときにロスすることなく、すべて変換されること、いわば熱効率が１００％であることです。ちょっとずつ目減りしていったのでは、やがてエネルギーはなくなってしまいますから。

今度は科学者たちは、この第二の方法で永久機関をつくろうと、またしても血のにじむような研究を続けました。研究対象が「熱」であることから、この分野は「熱力学」と呼ばれるようになりました。

19世紀前半、七月革命直前のフランスはパリで、一人の若者によって重要な発見がなされます。軍人であり技術者でもあった彼は、熱エネルギーを仕事のエネルギーに最大限の効率で変換する仮想のシステムを考案しました。このシステムは、彼の名をとって「カルノー・サイクル」と呼ばれました。そして、これをつくることで彼は、いかなる方法によっても熱効率が100％となるシステムは決してつくれないことを見いだしたのです。

図5-1　サディ・カルノー

彼――サディ・カルノー（図5-1）はそれをこう言い表しました。

――熱の流れから引き出すことのできる動力の量には原理的な限界がある――

この発見は「カルノーの原理」と呼ばれ、第二の方法による永久機関も、やはりつくれないことを示唆していました。このような永久機関は「第二種永久機関」と呼ばれ、現在までにたくさんのアイデアが出されていますが（いまでもときどき「永久機関を発明した」と名乗り出る人はいるようですが）、いずれも不可能であることが証明されています。

しかし、この原理がもつ価値はそれだけにとどまりませんでした。そこには、じつは世界の見え方さえ変えてしまう大きな意味が含まれていたのですが、当時は誰もそれに気づくことがないまま、カルノーは36歳の若さでこの世を去りました。死因はコレラ感染であったことから、その遺品のほとんどは焼却されてしまいました。

エントロピー誕生

不遇のうちに死んだカルノーがこの世に遺した数少ないものに、彼が熱に関する考察をまとめて自費出版した小冊子がありました。『火の動力』と題されたそれは、現在では「世界初の熱力学の研究書」ともいわれています。

『火の動力』はやがて、風にのった花粉のように拡散し、何人かの科学者の手元にたどりつきました。ドイツのクラウジウス（図５－２）という物理学者も、それを手にした一人でした。

クラウジウスはそこに記されているカルノーの原理を見て、それがなぜなのかを考え抜きました。そして、熱エネルギーと仕事のエネルギーの変換のときに生じる、温度の変化に注目します。やがて彼は、このような結論にたどりついたのです。

——熱は低温から高温へ自発的に移動することはない——

これが物理学の歴史に不滅の名を刻む「熱力学第二法則」です。熱エネルギーは、温度差があれば必ず、

図5-2　クラウジウス

差がなくなるように移動します。そして、そのときは放っておけば必ず、温度が高いほうから低いほうへ移動します。カルノー・サイクルにおける仕事のエネルギーから熱エネルギーへの変換とは、低温の物体から高温の物体にエネルギーを移すことなので、温度の自発的な流れに逆行することになります。そのため、よけいにエネルギーを消費することになるので、100%の熱効率を実現することは不可能なのです。こうしてクラウジウスは、カルノーの原理を説明することができました（なお、じゃあ「熱力学第一法則」ってなんだ？　と気になっている方もいるでしょうが、それはエネルギー保存の法則とイコールです）。

しかし、クラウジウスは熱についてのこの発見だけでは満足せず、さらに考えました。温度が高いほうから低いほうへ移るとき、本当は何が移っているのだろうか？　「温度」とは表面的な現象にすぎず、そこには何か、より本質的なものが隠れているのではないか？　と。

この探究心が、熱力学第二法則を宇宙の最重要法則の一つへと昇華させたのです。

クラウジウスは、温度が移るときには、より本質的な「なにものか」が移行していると仮定しました。そして、この「なにものか」を、大きさをもった、計算できる物理量として扱うことを考えました。そのためには名前が必要です。彼はギリシャ語で「変換」を意味する「トロペー」にちなんで、「なにものか」を「エントロピー」と命名しました。

エントロピーが「なにものか」は、第2章でブラックコーヒーにミルクを垂らすたとえで説明しました。簡単に言えば、それは「乱雑さ」とか「秩序のなさ」を表す概念です。

コーヒーに最初にミルクを垂らしたときのカップは、まだ乱雑さが小さい、つまり秩序が高い状態です。そのあとミルクがぐるぐると混ざってきたカップは、乱雑さが増し、秩序が低くなった状態です。そしてカップは放っておけば、どんどん乱雑さが増し、秩序が失われていきます。それを「エントロピーの増大」とみるわけです。

熱力学第二法則では、温度は放っておくと高いほうから低いほうに移ることを述べていましたが、クラウジウスに言わせればそれは、エントロピーが放っておくと小さい状態から大きい状態へ移るのと同じことです。すなわち熱力学第二法則を「エントロピー」を主語にして言い換えるだけで、「エントロピー増大の法則」のできあがりとなるのです。

エントロピー増大の法則の発見がもたらした意味は、はかりしれないものがありました。世界中の物理学者が、自分の机がすぐに散らかる言い訳に、この法則を利用するようになりました。というのはよくある冗談ですが、法則の深遠な意味は、次のようなところにあります。

第2章で、「方程式には過去と未来の区別がない」という話をしたのは覚えていますね。自然界のありようを記述する方程式は、時間の流れる方向までは決めていないのでした。

ところが、エントロピー増大の法則だけは、時間が流れる方向を決定しているのです。温度が「高」から「低」へ、すなわちエントロピーが「小」から「大」へと移る現象に逆はありえないため、過去と未来が決定的に区別されてしまうのです。

たとえば落下運動を例にとってみます。ボールが高いところから低いところへ落ちる現象も、一見、過去と未来が区別できるように見えます。地球からの重力は上から下への一方向にしか働かないからです。しかし、地面に跳ね返ったボールは、上に逆戻りすることも可能です。つまり、ある瞬間のボールをストップさせて写真を見ただけでは、上下どちらが過去か、未来かの判断がつけられないのです。しかし、温度差がある二つの物体のあいだでの熱の移動では、はっきりと一方通行の流れが見てとれます。サーモグラフィーなどで温度を可視化できれば、いかなる瞬間も、そのとき温度が高いほうが過去で、温度が低いほうが未来です。その逆は決してありえません。つまり、そこには「時間の矢」があるのです。

これこそが熱力学第二法則、すなわちエントロピー増大の法則がもつ本質的な意味です。宇宙の中で、我々が知るかぎり、エントロピーだけは不可逆な物理量である――このことを示しているから、この法則は偉大なのです(それだけに「時間の逆戻り」の可能性を探ろうとしている私たちにとっては厄介でもあるわけですが)。

ところでクラウジウスは、エントロピーを書き表す記号として「S」を用いることを決めました。一見、エントロピーとは関係なさそうな文字です。彼はある人物への敬意を示すため、そのイニシャルをつけたのです。その人物とは、そう、サディ・カルノー。世間にほとんどかえりみられることのなかったその名は、こうして不滅の法則に刻まれました。

　科学史に残る大きな仕事は、一人の天才だけでは完結できないことも多々あります。運命的なつながりの連続から、奇跡のような法則が生まれることがあるのです。カルノーの仕事が埋もれることなくクラウジウスによって昇華され、人類に大きな貢献を果たせたのは本当によかったと思います。ひょっとすると、まだ埋もれたままの世紀の大発見の芽が、あなたに見つけられる日を待っているかもしれません。

　さて、カルノーからクラウジウスへと受け継がれたバトンは、次の走者に手渡されます。まだ抽象的だったエントロピーという概念が、実体をもつ物理量として完成されたのは、彼の力走のおかげでした。しかしそれは、あとで述べますが命がけの力走でもありました。

ボルツマンの偉大なる功績

　19世紀後半の人々は、物質が小さな粒々——つまり、分子や原子からできていることをまだ知りませんでした。それは科学者にしてもほとんど同様でした。しかし、オーストリアの物理学者ボルツマン（図５-３）は、まだトンデモ科学のように見られていた「気体分子運動論」にいちはやく注目し、空気中では、気体の分子や原子がさまざまな速度で運動していると考えました。そして熱い空気では分子が激しく動いていて、冷たい空気では分子がほとんど動いていないこと

図5-3　ボルツマン

に気づいたのです。ここから、ボルツマンは走りはじめます。

これが「熱」というものの本質ではないか？　熱とは、じつは分子や原子の運動のことであり、運動の度合いが表現されたものが「温度」なのではないか？

それはじつに先駆的な発想でした。ボルツマンが考えたこのような熱のもとになる分子や原子の運動は、現在では「熱運動」と呼ばれています。さらにボルツマンはスピードを上げます。

熱というものがそうであるなら、あの得体の知れないエントロピーとかいうやつが表しているという「乱雑さ」を、分子の運動に置き換えて表現することができるのではないか？

熱い空気の分子は速く動き、冷たい空気の分子は遅く動く。両者が衝突すると、互いの速度をやりとりするので速度の差が小さくなる。それを何万回も繰り返すと、最終的に分子全体の速度が均一になり、したがって空気全体の温度が均一になる。エントロピーが増大するというのは、こういうことではないのか？

だったら、エントロピーは分子の運動を表す方程式で書くことができるはずだ！

ボルツマンはこの着想のもと、エントロピーの数式化をめざして走りつづけました。そして、ついにそれに成功したのです。

では、その数式をみなさんにもご覧いただきましょう。あ、また顔が曇った方がいるようですが、物理学者の中には「世界で最も美しい数式」としてこれを挙げる人もいるほどですので、どんなかっこうをしているか、話のタネに眺めておいても損はないと思います。はい、これです。

$$S = k \log W$$

左辺のSは、もちろんこの式の主役、エントロピーを表すサディ・カルノーの頭文字です。右辺のWは、「状態数」と呼ばれる数です。クラウジウスが抽象的に「乱雑さ」としたものを、ボルツマンはより具体的に、分子がとりうる「状態」のパターン数はどれくらいあるかで示したのです。このほうがずっと数量として扱いやすいことはおわかりいただけると思います。Wの左のlogは、高校の数学で習う対数です。忘れた人は気にせずに、状態数というのは要するに、$\log W$というかたちで表されるのだと思っていただければ結構です。

その左のkは、$\log W$が増えるとSがどれだけ増えるかを示す比例定数で「ボルツマン定数」と呼ばれています。

つまりこの式は、SとWはkを比例定数とする比例関係にあるということを言っているわけです。意外と単純なかたちでしょう？　こうして、クラウジウスが「乱雑さ」と「温度」で表現したエントロピーは、「分子・原子の状態数」という、より厳密なかたちに言い換えられて数式となったのです。ただし、この式には一つ、制約があります。

$$\Delta S \geqq 0$$

というものです。ΔSは一定時間でSが変化する量を表します。つまり、外部とのエネルギーのやりとりがないかぎり、Sが変化する量はつねに増えるか、そうでなければ同じ値に留まりつづける、ということです。ここに、エントロピーの「時間の矢」が表現されているわけです。

ボルツマンはエントロピーにこそ自然界の本質が宿っていると確信していたようです。そんな彼にとってこの数式は、神の姿をとらえたにもひとしいものだったのかもしれません。多かれ少なかれ科学者には、自然界＝神という認識が根底にあるものです。

本当に神が決めたのかはわかりません。しかしエントロピーと状態数のあいだにこの関係があることは、現代では統計力学によって解き明かされています。そしてボルツマン定数も物理定数として定義され、２０１９年5月、その値はＳＩ基本単位で1.380649×10^{-23} Ｊ Ｋ$^{-1}$と厳密に定められたのです。

こうしてボルツマンは、思い定めた道をみごとに完走しました。しかし、後ろを振り返ると、思いもよらず彼は孤独でした。ついてくる者は彼には見つけられず、それどころか、「原子なんか実在するものか！」という罵声まで聞こえてきました。当時の物理学者たちには、分子や原子の存在をまだ受け入れられない者も多かったのです。しだいに彼は精神を病んでいき、ついには家族と出かけた避暑地で、みずから命を絶ってしまいました。

ウィーンの中央墓地には、お国柄、ベートーベンやシューベルトなどの大作曲家の墓が並んでいます。そのなかに、やや場違いなのを気にするように、物理学者の墓がひっそりと建っています。墓石には、墓の主が生きた証である数式「$S = k \log W$」が刻まれています。

マクスウェルが生みだした「悪魔」

さて、エントロピーの火をつなぐリレーは、ボルツマンによって一つの数式として集約されました。一方で、分子・原子の存在もしだいに認められていきました。エントロピーの概念は人々に受け入れられていき、それとともに、この世界には「不可逆な変化」というものがあることも、しだいに知られていきました。繰り返せばそれは、熱力学第二法則によって熱は高温から低温への一方向にのみ流れると表現され、のちにはボルツマンによって、分子・原子の状態数は小さいほうから大きいほうへの一方向にのみ移るとも言い換えられました。

しかし、物理現象のなかでエントロピーだけが不可逆であることを「ほんとかよ?」といぶかしく感じる人もいました。第2章でもお話ししたように、物理学者は基本的に、対称ではないものが気持ち悪いのです。イギリスの物理学者マクスウェル(図5-4)も、その一人でした。

図5-4　マクスウェル

電磁気学を確立し、アインシュタインをして「私が最も影響を受けた物理学者」と言わしめた大天才マクスウェルは、熱力学でも、ボルツマンよりも早く気体分子運動論を唱えていました。それだけにエントロピーという新しい概念にも深く考えをめぐらせていたのでしょう。彼には、エントロピーが増大する一方なら、やがてすべてのものはかたちを失い、宇宙には寂しい未来しか待っていない、本当にそうなのか、という思いもあったようです。そこで、熱力学第二法則のほころびを探して思いついたのが、「マクスウェルの悪魔」と呼ばれる思考実験でした(図5-5)。

その名前はあまりにも有名ですので、みなさんも聞いたことはあると思います。しかし、どういう意味があるのかはエントロピー発見についてのここまでの流れを知らないとなかなかわかりませんので、この機会に理解してしまいましょう。舞台設定は以下の(1)~(3)です。

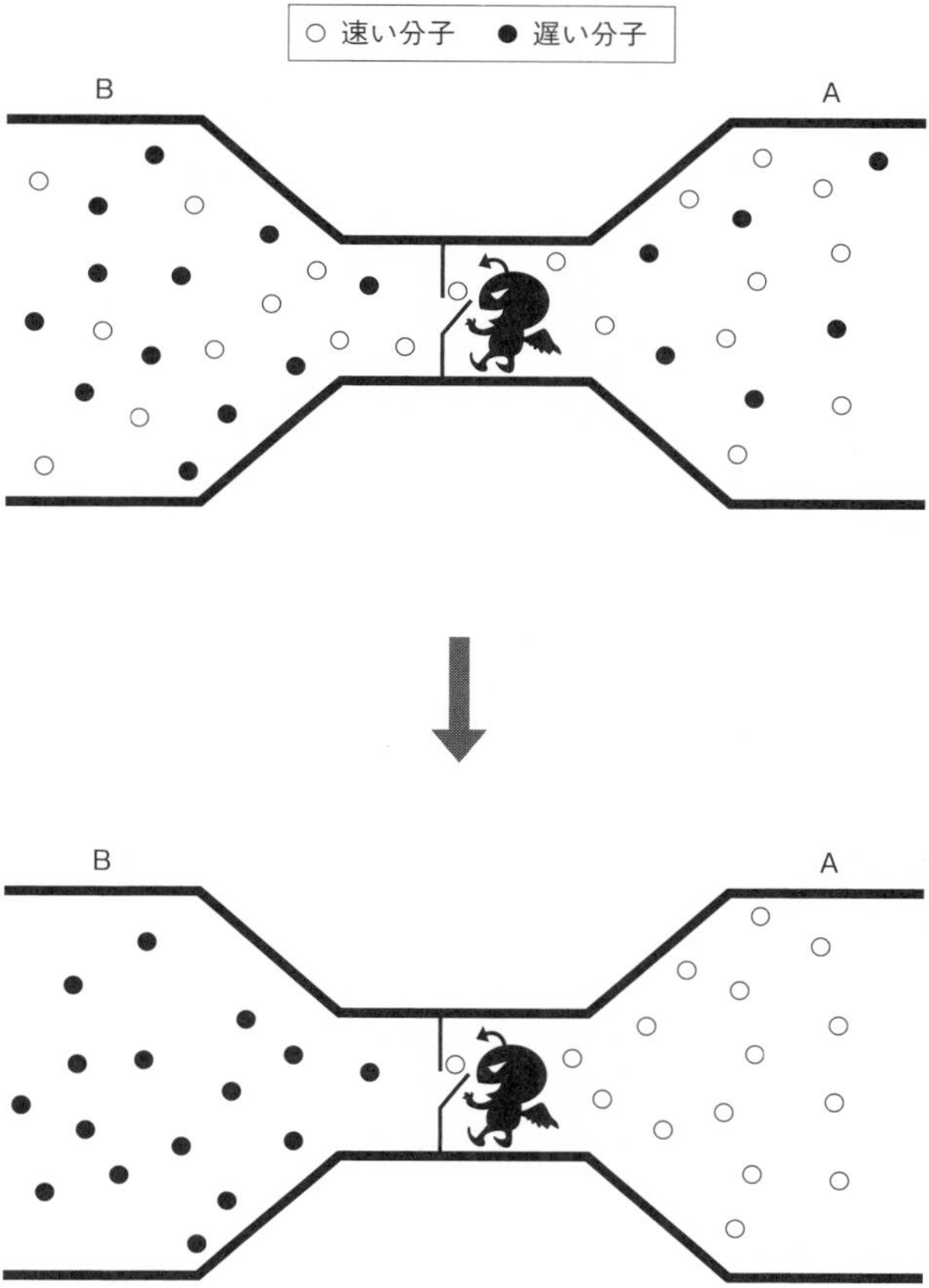

図5-5　マクスウェルの悪魔
悪魔が小窓を開閉し、速い気体分子（○）をAに通して遅い気体分子（●）はBに留める

（1）完全に密閉されている容器があります。容器の中は、温度が均一な気体で満たされています。温度は均一ですが、気体の分子はそれぞれ、さまざまな速度で動いています。

（2）容器には仕切りがあって、AとBという二つの小部屋に分けられています。また、仕切りには開閉ができる小窓がついています。

（3）小窓には、何か小さいやつがいます。気体の分子の動きを観察したり、小窓を自由に開閉したりできるという超能力をそなえた、いわゆる悪魔です。

さて、この悪魔が、小窓に近づいてくる分子の一つ一つの動きを見きわめて、速く動いていればAに通し、遅く動いていればBに通すように小窓を開閉したとします。たとえば、Aから速く動く分子がきたら、小窓を閉じて、Bに通さないようにするわけです。

すると、やがてAは速く動く分子だけになり、Bは遅く動く分子だけになります。これは容器全体では、均一だった温度が高温のAと低温のBに分かれたことになり、エントロピーに注目すれば、秩序ができて気体のエントロピーが最初の状態よりも小さくなってしまったということです。これでは熱力学第二法則、すなわちエントロピー増大の法則に反してしまいます。

このようなことは、気体分子になんらかのエネルギーが加えられないかぎり起こるはずがありません。しかし、悪魔はただ小窓を開閉しただけなので、気体には何の仕事もしていません。

そんなおかしな話があるかい？　マクスウェルはエントロピーをようやく理解しはじめた物理

学者たちに悪魔を差し向けて、そう問いかけたのです。1867年のことでした。

もしも悪魔を滅ぼすことができなければ、熱力学第二法則は間違っていたことになり、第二種永久機関さえも可能ということになってしまいます。そして時間に注目すれば、私たちが追求している「時間の逆戻り」が可能ということになります。そうであれば、悪魔は私たちにとって、むしろ天使だったことになるわけですが――。では、物理学者たちはマクスウェルの挑戦にどう応えたのでしょうか。

ミクロとマクロのあいだに

天才が仕掛けた罠は、見た目以上に巧妙をきわめていました。なんと、それから100年以上にもわたって、このパラドックスは打ち破られなかったのです。

あらためて言えば「マクスウェルの悪魔」で問題となるのは、速度が均一だった気体分子が、まったくエネルギーがつかわれずに、動きが速い分子と遅い分子に分けられてしまうことです。したがって、容器の中でなんらかのエネルギーの出入りがあることさえ見つかれば、矛盾はなくなります。長いあいだ、物理学者たちはそれを探しつづけましたが、なかなか見つけられませんでした。マクスウェルには、気体分子というミクロなものの運動が、気体全体のマクロな事象をすべて説明できるのかという問題意識もあったようですが、それに答えることがなかなかできなかったのです。これは前の章で述べた量子力学におけるミクロとマクロの境界という深いテーマにもかかわってきます。

しかし、物理学者たちがこの問題に悩むことで、「統計力学」という新たな物理学の領域が開拓されました。それは、一つ一つの分子のミクロの行動は厳密にはわからなくても、それが集団として一定の大きさをもてば、マクロな状態を全体的にとらえることができるはずだ、という考え方です。

当時、台頭してきた量子力学が示すように、この世界には、我々が認識できる巨視的世界だけでなく、直観に反する奇妙な微視的世界が存在しています。そして、この二つの世界を結びつけるのが「アボガドロ数」という数であると考えられるようになりました。

アボガドロはサルデーニャ王国（現イタリア）の物理学者であり化学者で、19世紀の初めに、「同じ温度、同じ圧力のもとでは、すべての気体は同じ体積中に同数の分子を含む」ことを発見しました。この「アボガドロの法則」は、初めて「分子」という概念が提唱されたという意味から「分子説」とも呼ばれています。アボガドロの考えは十分に理解されず、ほとんど無名のまま生涯を終えましたが、やがて分子の存在が認知されると、偉大な先駆者だったことが広く知られるようになりました。

その後、ミクロの原子がどのくらい集まると、日常的なマクロな物質のスケールになるのかということが考えられ、およそ10の22乗から23乗であることがわかってきました。たとえば、１gのアルミニウムからできている１円玉には、アルミニウム原子がおよそ２・２×10の22乗個も詰まっています。そこで、６・０２×10の23乗個の原子からできている物質を「１モル」として、これを物質の量を数えるときの単位とすることが決められました。その正確な値は、私たちの身体を構成する重要な元素である炭素を基準に定められています。鉛筆を数えるときに12本ごとに１ダース、２ダース……とまとめるのと同じです。そして、この１モルあたりの原子数を、先駆者に敬意を表して「アボガドロ数」と呼ぶことにしたのです。

10の23乗というのは大変な桁数です。前の章で紹介した思考実験「シュレディンガーの猫」を考えたシュレディンガーは「なぜ我々の身体をつくる細胞はこんなにも多いのか？」という疑問を抱いていたようです。しかし、ヒトの細胞はおよそ37兆個ですから桁数は10の13乗にすぎません。それぞれの細胞の中にはＤＮＡがあり、ＤＮＡの中には約60億個の塩基（アデニン、グアニン、シトシン、チミンなど）があります。これらの塩基の数がだいたい10の23乗個です。それだけの原子が集まってようやく、物質は私たちが認識できる姿になるわけです。それほど、ミクロとマクロのあいだの隔たりは大きいのです。そのことをこのように定量化できたことは、「マクスウェルの悪魔」によって人類が悩まされたことの一つの収穫といえます。

それにしても、なぜ自然には、このように巨大すぎるとも思える数が現れるのでしょうか？

ときどき私は、そんなことを考えます。そして、それは自然が人類から量子世界を隠すためではないか、とつい荒唐無稽なことを考えてしまうのです。もしも我々の日常で量子の奇妙な世界がしばしば垣間見えていたら、人類は量子力学の本質をもっと早く理解できたはずです。そうしたら、あとでお話しする「量子重力理論」という究極の宇宙の法則にも、もうたどり着けていたかもしれません。自然は人類にそうさせないために、ミクロの世界を人類から隠し、どう頑張ってもマクロしかイメージできない思考回路にしたのでは、などと妄想してしまうのです。

悪魔、ついに倒される

さて、なかなか打ち破れない悪魔に話を戻します。気体分子が入った容器の中で、なんらかのエネルギーの出入りが見つかればよいのですが、どうにも見つけられないまま、とうとう時代は21世紀に入ってしまいます。おそるべし、マクスウェル！　時間の逆戻りを信じたい私たちにとっては頼もしいことこのうえありません。

ただし、その間にも多くの物理学者たちによって、さまざまなアイデアは出されてきました。その一つに、「情報」はエネルギーに変換されるのではないかというものがあります。

たとえば、シラードという物理学者は1929年に、容器に気体分子を1個だけ入れるという極端に単純化した「シラードのエンジン」と呼ばれるモデルを考えました。悪魔は、二つの部屋のどちらに分子があるかを観測して情報を得ますが、このときわずかにエネルギーが消費され、そのためエントロピーが増大すると考えたのです。観測を物理現象とみなすという、量子力学と同じ発想です。「マクスウェルの悪魔」ではエントロピーが減少したように見えるが、じつは悪魔による観測でそれ以上にエントロピーは増大する、だから全体の収支としては増大している！とシラードは主張しました。情報によってエネルギーがやりとりされるという画期的なアイデアによって、パラドックスはついに打ち破られたかに思われました。悪魔、ピンチです。

しかし、それから20年ほどのちにおこなわれた検証の結果、「シラードのエンジン」で悪魔がやるような観測では、エントロピーは増大しないことがわかったのです。悪魔、しぶとい！

とはいえ、そもそも熱力学の概念だったエントロピーが、情報というまったく関係なさそうなものとつながっていることがわかったのは、人類の側にとっては大きな収穫でした。これによってエントロピーの概念が拡張され、「情報熱力学」と呼ばれる新しい学問分野が生まれたのです。そして結果としては、この分野の研究の進歩が、悪魔を倒すことになります。

１９６１年、アメリカのコンピュータ産業を牽引するＩＢＭで研究者をつとめるランダウアーが、悪魔に対抗するための新しいアイデアを提案しました。

悪魔が気体分子の速度を見きわめて小窓を開閉する作業では、見きわめた分子の速度を情報として記憶し、次にくる分子の速度と比較する必要があります。しかし、その記憶をためこんでいるだけではいずれ容量オーバーとなってしまうので、定期的に消去しなくてはなりません。そして、この「情報の消去」という仕事をするときにエネルギーがつかわれるので、エントロピーが増大するというのです。

この着想は、有力とみられました。発展めざましい情報理論の側からも、これを裏づける材料が提供されました。そして2010年、悪魔がついに葬り去られるときがきます。日本の鳥谷部祥一、沙川貴大らの物理学者が、世界で初めて「マクスウェルの悪魔」を完璧に再現した装置をつくることに成功し、それをつかって実験したところ、「温度Tの環境下で1ビットの情報を消去するためには、最低でも $kT\log 2$ の仕事が必要である」ということが示されたのです！ ちなみにこのkは、ボルツマン定数です。

こうして、マクスウェルがこの世に生みだしてから、150年近くものあいだ命を保ってきた悪魔は、ついにとどめを刺されました。人類の勝利です。人質にとられていた熱力学第二法則、すなわちエントロピー増大の法則は、無事に救出されました。

大変長くなりましたが、これが、カルノー、クラウジウス、ボルツマン、マクスウェル、……とバトンが渡された「時間の矢」についてのヒストリーです。エントロピーが生みだす「時間の矢」には、これだけの歴史と裏づけがあるのです。しかし、話はこれで終わりませんでした。

悪魔が復活した！

２０１９年、モスクワ物理工科大学（ＭＩＰＴ）の量子情報物理学研究室で筆頭研究員をつとめるゴーディ・レソビク博士によって、次のような衝撃的な発表がなされました。

「我々は、熱力学的な『時間の矢』と反対方向に進化する状況を人工的につくりだした」

博士らは量子コンピュータの技術開発を進めているなかで、時間が逆戻りする現象を観測したと述べました。つまり、「マクスウェルの悪魔」が復活したというのです！

まず、量子コンピュータについて、ごく簡単に説明しておきましょう。最近はニュースなどで話題にのぼることも増えましたが、一言でいえばそれは、ミクロの量子世界でみられる「状態の重ね合わせ」を利用して、複数の計算を並列にやってしまおうというものです。

状態の重ね合わせとは、「シュレディンガーの猫」の例でいえば、「生きている」「死んでいる」という二つの状態を同時に実現していることです。１匹の猫で複数の状態を同時に表すことができるので、それぞれについて、個別に並列的に計算を実行できます。したがって計算が飛躍的に速くなり、効率化されるという考え方です。

従来のコンピュータは、一見複雑な情報のやりとりをしているように見えますが、基本的には電気のオン／オフという2種類の電気信号だけを使うので、すべての情報は0と1という2種類の数字の羅列で表現されます。これを2進法といいます。計算するときは、この0と1のどちらかがきちんと書かれたマス目を読んでいるわけです。

しかし、量子コンピュータのマス目には、0と1のほかに、「0でもあり1でもある」と書かれたマス目もあるのです。二つの数字を合成したものなので、文字にするならば「φ」のような感じでしょうか。この文字は薄い色で書かれていますが、ある合図によって濃くなって、確かな数として0か1のどちらかが浮かび上がります。「シュレディンガーの猫」の例でいえば「観測する」という行為が合図にあたります。

このような「第3の文字」も使うことで、従来型よりも計算がべらぼうに速くなる、というのが、おおまかな量子コンピュータのからくりについてのイメージです。たとえば2019年には、グーグル社の研究者らが量子コンピュータを用いて、従来のスーパーコンピュータでは1万年もかかる計算をたったの3分20秒でやってしまったことで大きな話題になりましたので、ご存じの方も多いでしょう。

ただし、工業的に実現するにはクリアしなくてはならない問題が多々あり、まだまだ試作段階です。ところがその量子コンピュータをつかった実験で、驚くべき現象が観測されたと報じられたわけです。

量子世界で時間は逆転する？

レソビク博士らは、スイスとアメリカのチームと共同で、生物の遺伝子の進化プログラムを、量子コンピュータで計算していました。進化プログラムとは、コンピュータ上に二つの仮想の「性」をつくって、双方の「性」から受け継いだ遺伝子を合体（交配）させ、さらに数％以下の確率で突然変異も起こるように設定して、自然界の遺伝子集団の動きをモデル化したものです。遺伝子は０と１の組み合わせで表現され、その動きを解析することで、進化というものの正体を探ろうというわけです。

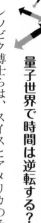

さて、この遺伝子モデルの動きは、「マクスウェルの悪魔」における気体の分子のようにエントロピー増大の法則にしたがうことが、情報熱力学からわかっています。プログラムが進むにつれ、最初は整然としていた０と１の秩序はどんどん失われ、カオスのように乱雑になっていきます。ところが――レソビク博士らは、ある瞬間から逆に、０と１の配置がそろいはじめ、一定の秩序が生まれたことを観測したというのです（図５－６）。乱雑から秩序へという変化は、いうまでもなく宇宙の最重要法則に反し、「時間の矢」が逆戻りしたことを示すものです。

博士らがこの結果を電子ジャーナル誌の「Scientific Reports」で発表するや驚きとともに迎えられ、「量子コンピュータで時間の逆転を初観測」といったニュースが世界を駆けめぐりまし

秩序

0	0	0	0
1	1	1	1

乱雑

0	1	1	0
1	0	1	1

秩序が戻った！

0	0	0	0
1	1	1	1

図5-6　量子レベルで観測された「時間の逆戻り」のイメージ
乱雑な状態になっていたキュービットに秩序が戻った

た。「ついに人類はマクスウェルの悪魔をつくりだした！」というキャッチーな見出しもありました。それらはおよそ、このように報じています。

〈量子コンピュータにおける基本情報単位を「キュービット」といい、0、1、「その重ね合わせ」の三つの状態を表現する。実験では進化プログラムが立ち上がると、キュービットの変化パターンはどんどん複雑になり、規則正しく寄せ集めたビリヤードの玉が散乱するように乱雑になった〉

〈ところが、実験ではその状態が修正され、カオスから秩序へと「逆方向」にキュービットが巻き戻り、元の状態になった。それは、テーブル上に散乱したビリヤードの玉が、完全な計算にしたがって完璧な秩序をもつ正三角形に戻るのと同じである。すなわち時間が逆転したのだ〉

〈実験を2キュービットで行った場合は「時間の逆転」の達成率は85％だった。3キュービットで実験するとエラー発生が増加したため達成率は50％となった（量子の不確定性による）〉

〈この結果は量子コンピュータの開発へ実用的に応用可能。プログラムをアップデートしノイズやエラーを消すために使える〉

そして、博士が次のように高らかに述べたことが伝えられています。

「量子力学の世界では、失われた秩序さえも巻き戻せることが示された。熱力学第二法則に反する挙動は、量子世界では達成される」

ほとんどの物理法則は未来と過去を区別しません。しかし、熱力学第二法則だけは秩序から無秩序への一方向の流れしか許さず、それはアボガドロ数を満たす原子集団である私たちの日常では、これまでの歴史が証明するように、決して違反することはできません。「時間の逆転」など、起こりえなかったのです。

にもかかわらず、素粒子一つ一つの動きを見る量子的スケールでは、時間が逆転することもありうる――レソビク博士らの実験結果は、そう物語っているのです。

いまは、これ以上のことは誰にもわかりません。しかし、私たちにとって最も手ごわいと思われた「宿敵」エントロピーといえども、決して盤石ではないことだけは確かなようです。今後、量子コンピュータの完成とともに、こちらの研究でもどのような発展があるか、期待せずにはいられません。

第6章
時間は本当に1次元か

難攻不落に思われたエントロピーには、量子レベルでみていくと意外な突破口があることがわかりました。少なくともミクロの世界では、「時間の矢」は絶対に一方向にしか進まないわけではないのです。これは非常に勇気づけられる大成果です。

ここで少し、時間について別の観点から考えてみましょう。第2章で、時間を考える手がかりとして「方向」「次元数」「大きさ」の三つを挙げました。「方向」とはまさに、ここまでみてきた「時間の矢」のことで、この旅のメインテーマです。しかし、「次元数」や「大きさ」から時間をみていくことでも、一見は遠回りのようですが、時間の逆戻りに向かう新たな道がひらけるかもしれません。そこで、この章では「次元数」をみていきます。

「時空」を知っていた古代中国の宇宙観

まず少しだけ、第2章で「次元数」についてお話ししたことを思い出しておきましょう。

物理学でいう次元では、時間は1次元と考えられています。1本の直線だけでできている世界です。しかも、方向が過去から未来への一方向しかないとすれば、時間の世界とは一方通行しか許されない、じつに窮屈な世界です。しかし、こうした時間のありように違和感をもつ物理学者がいることもお話ししました。なぜ双方向に進まないのだという違和感もありますし、もう一つ、空間は3次元なのになぜ時間が1次元なのかという違和感もあります。アインシュタインの相対性理論では、時間と空間は一体であり、二つがセットで「時空」をつくっていることが、宇宙の真理として示されているからです。私も含め物理学者とは「対称」を好む生きものなので、こうしたアンバランスには生理的に抵抗を感じてしまうのです。

もしも科学的な理論よりも、このような生身の人間としてのいわば「直観」のほうが正しくて、時間が1次元ではなかったとしたら大変なことです。いま私たちが当然と思っている世界についての考え方は、根本から崩れ去るでしょう。時間の逆戻りも実現してしまいます。しかし、本気でその可能性をさぐっている物理学者もいるのです。

では、時間が本当は何次元なのかを、私たちも考えてみることにしましょう。

そのためにまず、少し唐突ではありますが、宇宙とはどういうものかについて、あらためて考えるところから始めたいと思います。

古代から人類は、自分たちを囲む環境としての宇宙というものを、なんとかして理解しようとさまざまに取り組んできました。とくに四大文明にはそれぞれに対応する宇宙観があり、第1章ではエジプトに伝わる、天空を司る女神ヌートをご紹介しました。

インドの宇宙観も独特で、宇宙の中心に須弥山《しゅみせん》があり、その上に人間がいて、山がある大地は3頭の象が支えていて、その象は亀の甲羅の上に乗っているとされています。

中国の宇宙観をひもとけば、まさに「宇宙」という言葉の由来を知ることができます。紀元前

150年頃の前漢の時代の『淮南子《えなんじ》』という書物に、次のような記述があります。

「往古来今のことを宙という、四方上下のことを宇という」

最初の「往古来今」は過去と現在のこと、つまり時間を指しています。次の「四方上下」とは、空間のことです。ですから、この言葉を言い換えれば、

「時間を宙、空間を宇という」

となります。まさに「宇宙」とは、時間と空間のことだと言っているのです。奇しくもこれは、アインシュタインが「時空」と呼んだ宇宙観と一致しています。不思議なことです。

相対性理論から導かれた現代物理学の宇宙観では、宇宙は「時空」という時間と空間の立体物のようなものと考えています。これを「時空多様体」と呼んでいます。その中に、素粒子や、星や、惑星が浮かんでいるといったイメージです。いわば宇宙は1個の「器」でもあります。

この器は、風船のように伸び縮みする素材でできています。ビッグバンによって誕生してから現在までずっと、この器は膨張しています。ただし正確には、星や物質は風船の中にあるのではなく、風船の表面に張りついているというイメージです。だから膨張によって、それらの距離はどんどん離れていきます。

これは余談ですが、やはり古代中国の宇宙観に「宣夜説」と呼ばれる面白い考え方があります。宇宙にはかたちなどなく、ただ空間が広がっているだけであり、そこに星などが浮かんでい

るというものです。そして星は「気」の作用で個々に運動しており、全体としては躍動しているというのです。古代の宇宙観で、これほど現代の宇宙像に近いものはありません。たいていは、ヨーロッパで近世の初めまで信じられた天動説のように、星が張りついた天球とか、何か固形物のイメージがあったものですが、なんと宇宙にかたちはなく、動いているのは星だけだというのですから。「気」の作用も、「重力」と解釈すれば、まったく正しい宇宙像という気がします。「宣夜説」が提唱されたのが1世紀以前だったというのが信じられません。

宇宙のあらゆることがわかる方程式

さて、現代物理学では、宇宙のサイズや形状についても、かなり深いところまで考えられています。まず、サイズについては、現在では宇宙の大きさは、地球から宇宙の端までが465億光年くらいではないかと考えられています。宇宙誕生から現在まで約138億年たっていることはわかっていますが、その間に宇宙は膨張しているので、そのくらいのサイズになっているだろうというわけです。

次に、宇宙の形状です。宇宙がどのようなかたちをしているかについては、基本的に、三つのタイプが考えられています（図6－1）。①どこまでも平坦、②球体、③馬の鞍形です。

ここで補足すると、①の「どこまでも平坦」とは、2次元の平面がずっと続くということでは

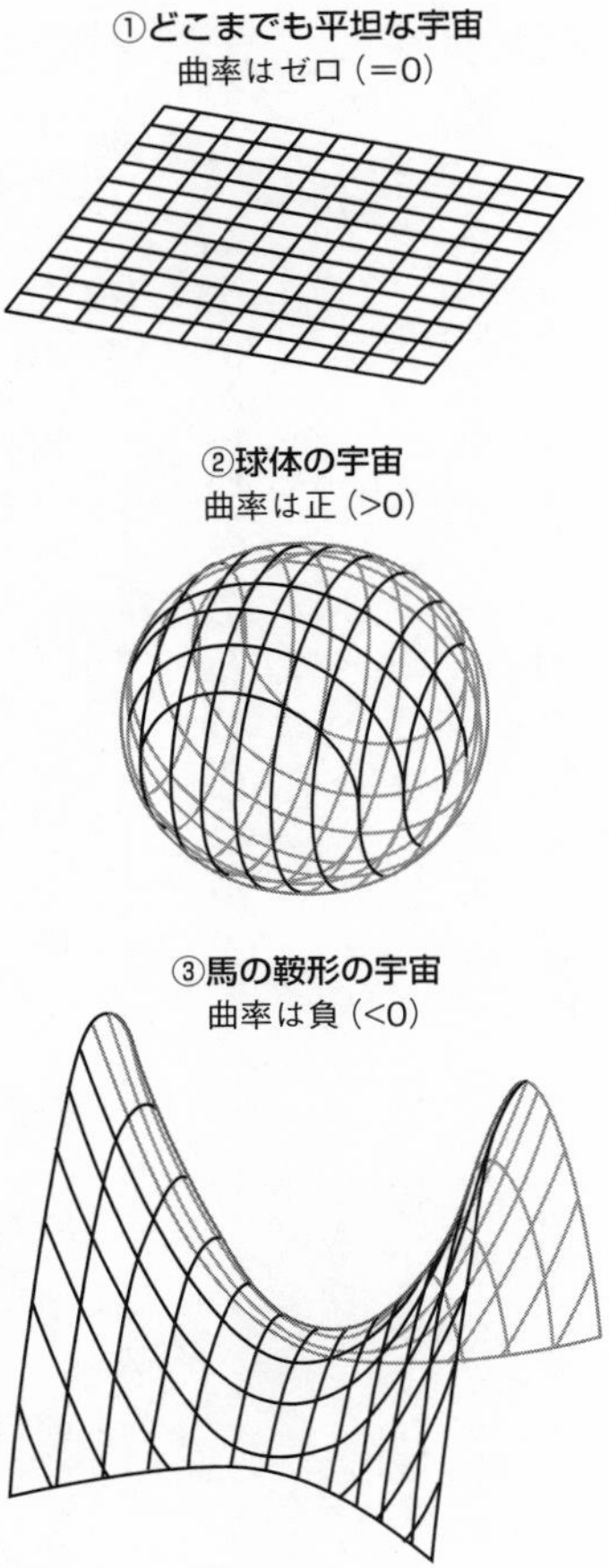

図6-1　宇宙のかたちを決める曲率
①曲率がゼロ（＝０）なら宇宙はどこまでも平坦
②曲率が正（＞０）なら宇宙は球体
③曲率が負（＜０）なら宇宙は馬の鞍形

ありません。イメージしにくいとは思いますが、3次元の空間が平らなまま、ずっと続くのです。

このような空間の形状については、空間の中で2本の光を平行に発射したとき、それらがどのような結果を迎えるかでわかります。

①の「どこまでも平坦」なら、2本の光はずっと平行なまま進みつづけます。

②の「球体」なら、2本の光は近づいて、やがて交わります。

③の「馬の鞍形」なら、2本の光はどんどん離れて、遠ざかっていきます。

みなさんはどれだと思いますか？　私たちは、かつて平らだと思われていた地球がじつは丸かったように、宇宙もじつは球体なのではないかと思ってしまいがちです。しかし、実際の観測では、現在のところ、「どこまでも平坦」が正解なのです。ただし、それはあくまでも現在の観測値であって、理論的に宇宙がどこまでも平坦だと証明されたわけではありません。

①から③のように、空間が平らなのか、曲がっているのかを表す言葉が「曲率」です。①の平らな空間は、曲率はゼロです。②の球体は、曲率が正（＞0）、③の馬の鞍形は、曲率が負（＜0）であると考えます。それらの違いは、その表面に三角形を書いたとき、その内角の和がどうなるかでもわかります。①は180度ですが、②では180度よりも大きくなり、③では逆に180度よりも小さくなるのです。

では本当のところ、宇宙はどの曲率で、どのようなかたちをしているのでしょうか。その答えはまだわかっていません。しかし、突きとめる道筋だけはわかっています。

ここで登場するのが、物理学の方程式のなかでも群を抜いて美しいといわれる式です。前の章で、ボルツマンが考えたエントロピーの方程式を世界一美しいと思っている人もいるという話をしましたが、やはりなんといっても人気があるのは、一般相対性理論のアインシュタイン方程式なのです。

$$R_{\mu\nu}-\frac{1}{2}g_{\mu\nu}R=\frac{8\pi G}{c^4}T_{\mu\nu}$$

初めてご覧になった人はきっと「こんなごちゃごちゃした式のどこが美しいんだ！」と思うでしょう。しかし物理学では、目の前に見えている方程式が本当の出発点ではありません。それが導かれるまでの、専門用語で「アクション」（＝作用）と呼ばれているものがあるのです。たとえば、これから食べようとする料理が方程式だとすると、アクションはレシピのようなつくり方の指南書にあたります。生命でいえばＤＮＡのような設計図です。

アインシュタイン方程式のアクションを見てびっくりするのは、そこにはたった一言しか書かれていないことです。

「このRを変分せよ」

なんと、これだけ。

この「R」は「リッチスカラー」と呼ばれる量の頭文字です。「変分」とは、微分のようなものと思ってください。こんな料理のレシピが書店にあったら、不親切すぎて誰も買わないでしょう。

にもかかわらず、この方程式が意味するところはじつに深遠です。非常にざっくり言えば、式の左辺はさきほど出てきた曲率、すなわち時空（アインシュタインは空間と時間は不可分と考えたので）の曲がり具合を表しています。そして右辺は、その時空の中に存在する物質やエネルギーの量の大きさを表しています。つまり、「器」とその中身が、ある種のバランスを保っているということです。ということは、宇宙に存在する物質（やエネルギー）の量がすべてわかれば、宇宙のかたちがわかるということです。

コーヒーが入ったマグカップは、コーヒーを注ぎ足しても、アイスクリームを入れても、それでカップのかたちが変わるということはありません。しかし、宇宙という「器」は、中身の量によって時空が膨張したり収縮したりと、ダイナミックに変化します。宇宙とは、中身に連動した「器」だといえます。

アインシュタイン方程式はこのように、宇宙という「器」のありようについての情報を「R」

が一手に引き受けている、まさに「リッチ」な数式なのです（ただしリッチとは数学者の名前にちなんだものです）。それなのにレシピがこんなに単純なことが、かっこいいのです。

かりに宇宙が何もないからっぽの空間だとしたら、この式の隠れた単純さが顔を出します。

$$R_{\mu\nu}=0$$

この式は、「真空」を意味しています。真空のいちばんよい例が、ブラックホールです。じつは、ブラックホールが存在するか否かは、この方程式を満たす時空が存在するか否かという問題と同じです。この問題を初めて解いたのは、じつはアインシュタインではなく、シュヴァルツシルトというドイツの物理学者でした。彼は第一次世界大戦で兵士として出征し、ロシア戦線に従軍中にこの解を発見し、アインシュタインに手紙で知らせました。世界で初めてブラックホールを理論的に発見するという偉業は、戦場でなされたのです。チャンスはいつ、どこに転がっているかわかりませんね。

宇宙の本当の曲率がどうなのかは、アインシュタイン方程式の右辺の値によります。そこには、宇宙の大部分を占めるダークマターやダークエネルギーが大きく関わってきます。これらは正体こそ不明ですが、その大きさはじつは正確に見積もられていて、それを加味して方程式を解くと、観測事実と同様、宇宙は平坦である可能性が高いというのが現在の結論です。

アインシュタインはダークマターやダークエネルギーの存在など知りませんでした。それでも、「かたち」から「変化のしかた」まで、宇宙のあらゆることがたった一つの「R」から解き明かせるのが、この方程式の不滅の魅力です。やっぱり、しびれます。

もしも時間が2次元だったら

また少し、スターについて熱く語りすぎてしまいました。私が言いたいのは、これまでもたびたび、時空は3次元の空間と1次元の時間からできているということをお話ししてきましたが、じつは、それはアインシュタイン方程式によって決められたものであるということです。

アインシュタイン以前は、空間と時間などまったく別物と考えられていました。それが、アインシュタインによって不可分のワンセットとされたため、私たちが住む宇宙は3＋1＝4次元の時空多様体と考えられるようになりました。曲率を決めるRも、時空が4次元であるという前提で、アインシュタイン方程式に組み込まれたわけです（なお、アインシュタインはのちに、ある理由から、空間が4次元の5次元時空を成り立たせようという考えにとりつかれますが、失敗に終わっています）。

ほかでもないアインシュタインがそう考えたのだから、空間が3次元、時間は1次元で間違いないのだろう――いままでみんな、そう思ってきました。しかし、そのアインシュタインが、空間と時間はまったく対等であると考えたのもまた事実です。

自然には対称性があり、私たち〝物理屋〟も対称を愛していることは、何度か述べてきました。できることなら、空間が3次元なら時間も対等に3次元であってほしい、時間だけ1次元なのはどうも腑《ふ》に落ちないという気持ちがどこかにあります。突拍子もないことをいえば、もし空間も時間も1次元なら、それはそれで落ち着くかもしれません。

そこで、ここからはひとつ、空間や時間の次元は本当にほかにはありえないのか、もしも別の次元に変わったらどうなるのかを、大真面目に議論してみたいと思います。

まず、空間は3次元のままで、時間が2次元になったらどうかを考えてみます。

すると、私たちの世界では直線状になっている時間が、平面の上を進むようになります。円を描いて、元に戻ることもできます。したがって過去に簡単に戻れるようになり、私たちのチャレンジもあっさり完了してしまいます。そして、1次元の時間を生きる人類には困難な夢が一つ、実現することになります。そう、タイムマシンです。

ただし、私たちがその使用法をマスターするまでには、かなり苦労しそうです。

「親殺しのパラドックス」という話はみなさんも聞いたことがあるかもしれません。あなたが過去に戻って、あなたを生む前のお母さんを探しだして殺してしまうとします。すると、未来にあなたは存在できなくなるので、いま存在しているあなたはいったいどうなるのかという矛盾です。では本当にタイムマシンに乗ってそういう状況になったら、何が起きるでしょうか。

映画『バック・トゥ・ザ・フューチャー』では、主人公のマーティが過去へ戻って、未来の自分の両親が会うダンスパーティの会場に行き、なんとか二人をくっつけようと奮闘します。そのなかで、なんと未来の母が自分に恋してしまい、それが成就しそうになると自分が消えそうになるという演出がありました。

「親殺しのパラドックス」でも、「母親を殺そうとしたら自分が消える」という答えがいちばんしっくりくる気がします。タイムマシンをもつことができる人類の世界では「使用上の注意」にそう記載されているかもしれません。もっとも、母親殺しは時間が何次元であろうとやってはいけないことですが。

映画の話が出たついでにもう一つ、『デジャヴ』もご紹介したい作品です。これは主人公が過去のさまざまな時点に飛ばされる、いわゆる「タイムワープ」をテーマにしたSFで、この系統のものとしては、脚本がかなりよく練られていると思いました（そこはぜひご自身でご覧になって確認していただきたいところですが）。

登場した主人公は、すでに何度もタイムワープを経験しています。何回目かのワープでは、前にもワープしてきていて命を落とした自分自身の遺体を見つけたりもします。そうした主人公の翻弄される姿を見ていると、タイムワープとはどんな現象なのか、考えさせられます。

現代人がタイムワープして過去にいくと、それによって歴史になんらかの変更が加わるので、未来は別のかたちに書き換えられると考えている人がいます。

その一方で、タイムワープしても、その人が起こす事象は、つじつまが合うように過去に組み込まれるので歴史は変更されず、未来は変わらないと考える人もいます。私はといえば、物理学的には後者が正しいような気がしています。

たとえば、事故で亡くなってしまった友人を救うため過去に戻って、それを回避するよう努めたとしても、すでに「友人が死ぬ」という記録が歴史に組み込まれている以上、どんな手をつかっても友人を救うことができないように、あらゆる事象が作用するのではないでしょうか。たとえば、交通事故は回避できても、その直後に突然、物が落ちてくるとか……。いずれにしても、一度、死んでしまうと記録された事実は、変更されることはないのではないかと思うのです。

あなたが古い記念写真を見ているときに、その写真の撮影現場にタイムワープしてきた人がいて、写り込んでしまったとしたら、その人はあなたが見ている写真に突然、浮かび上がってくるでしょうか。おそらくそうではなく、すでに、その写真のどこかに写っていると私は思います。

つまり、過去に起こったことは、若干の経緯の違いはあっても、やはり起こると思うのです。

私がそう考える理由は、もしもこの世界の時間が2次元で、もう一つ時間の次元があるとしても、二つの次元の大きさは対等であるはずがないからです。なぜなら、現実にタイムワープという現象を目のあたりにすることはほとんど皆無だからです。

もし時間がもう1次元あっても、それは非常に微小で、物理的には見えないはずです。大きいほうの時間軸こそが支配的で、歴史の流れをほぼ決めていると私は考えています。いわば、それは大河のような流れです。もう一つの微小な時間軸は、その速い流れに抗って大河を垂直に横切ろうとする小舟のようなものです。しかし大河の流れはあまりに速く、小舟は対岸に渡ることもなかなかできません。

もしかしたら「微小な時間」とは、「量子的」という意味に近いかもしれません。つまり、かりに小舟が大河を横切って過去に戻れたとしても、そこで起こせる物理現象は、量子的な、微小なものでしかないと推測しているのです。実際に、前の章で紹介したように、量子コンピュータによる実験中に「マクスウェルの悪魔」が現れて時間が逆に戻る現象が、素粒子レベルで観測されました。

なお、この「見えないほど小さい次元がある」というシナリオは、空間のほうでもよく出てきます。物理学では相対性理論と量子力学との相性が悪いため、それらを統一する理論をつくろうとする試みがずっと続けられています。成功すれば、ノーベル賞確実ともいわれる大仕事です。そうした理論の有力候補の一つに「超弦理論」というものがあるのですが、この理論にしたがえば、私たちが住んでいる空間は9次元です！　私たちが3次元だと思い込んでいるのは、残りの六つの次元は小さく丸まっていて見えないからだ、というのです。その話は、次の章でまた。時間が2次元の世界については、およそこのように私は考えています。

空間はなぜ3次元なのか

次に、空間は本当に3次元なのかを疑ってみることにします。時間は1次元のままで、空間の次元を少ないほうから増やしてみましょう。

まず、空間が1次元の世界です。空間＋時間が1＋1なので、2次元の時空多様体となります。さきほどは勢いで、それはそれで落ち着くといいましたが、実際はどうでしょうか。それは、棒の上を直線的に移動するという行動しかできない世界です。そこで暮らす生物にとって可能なこと、必要なことを考えると、身体が複雑な構造をもつことは絶対に期待できないでしょう。おそらくは棒状の、イモムシのようなかっこうになります。もし、そんな生物どうしが路上で出会ったら、すれ違うこともできません。いったいどうなるのでしょうか。シンプルすぎるこの世界は、考えるとかなり怖い気がします。もちろん、私たちが生きられるはずはありませんね。

では続いて空間が2次元、つまり空間＋時間が2＋1の3次元時空の世界はどうでしょうか。

そこでは、1次元に比べれば飛躍的に、かなり複雑な構造がつくれるようになります。いま若い人のあいだではアニメーションに描かれた異性に恋をする「2次元恋愛」も珍しくなくなってきているように、次元が二つあれば感情さえも動かすことができます。

では、知性の面ではどうでしょう。人類のような知的生命の脳に求められるネットワーク回路は、2次元空間ではつくれるでしょうか。

単純な円形の回路はできそうです。しかし、それらが複数必要になってくると、回路を立体的に組み立てることができないために、どうしても回路どうしが重なってしまいます。それでは、ショートしてしまう可能性が高いということはいえると思います。個人的には、ある程度の知性をもった生物が宇宙に存在するためには、空間が3次元以上であることは、決定的に必要な設定であるような気がしています。

知的生命がいようがいまいが、そんなの宇宙にとっては関係ないことじゃないか、という反論は当然あると思います。しかし、じつはあとでお話しするように、量子力学では、「宇宙はどこかの段階で、知的生命に観測されなくてはならない」という考え方があるのです。「我思う、ゆえに我在り」ではありませんが、科学というよりは哲学の唯識思想のようで、簡単に受け入れられる考えではありません。しかし、量子力学がどれだけぶっ飛んでいるかは、すでにみなさんもご存じのとおりです。宇宙は自身を観測してくれる存在が現れるように自己進化しながら、そのときを待っている、と考えられなくもないのです。少なくともいまのところ、物理学はその可能性を排除できていないので、空間は知的生命が生まれるように3次元になった、と考えてもかまわないのです。みなさんもこの本を最後まで読んでから、自分なりに考えをめぐらせていただけるとうれしいです。

すると、空間の条件としては少なくとも3次元であればよく、もっと増える分にはかまわないのでしょうか。今度は、空間が4次元の世界を考えてみましょう。

それは空間+時間が4+1の、5次元の時空多様体ということになるわけですが、この世界では、ある問題が浮上してきます。地球のように恒星の周囲をまわる惑星の軌道が、安定しなくなってしまうのです。

惑星の公転軌道が安定するためには、惑星が恒星に引っ張られる重力と、惑星が軌道の外に飛び出そうとする遠心力がきちんと釣りあうことが必要です。そして、じつはその釣りあいには、空間が3次元であることが大きく関わっているのです。

少し難しい話になりますが、惑星にかかる遠心力がどのような形になるかは、空間の次元とは関係ありません。しかし、重力がどのような形になるかは、空間の次元がいくつであるかに強く関係しています。空間が4次元以上になると、惑星が軌道の少しでも外側に出ると重力が弱くなりすぎ、反対に少しでも内側に入ると重力が強くなりすぎて、軌道を安定して回りつづけることができなくなってしまうのです。それはつまるところ、惑星そのものが安定して存在することができないということです。

知的生命は惑星の上で誕生する可能性が高いことを考えると、これはかなりネガティブな事実です。この意味でも、空間の次元数が「３」であることは宇宙にとっても整合性があることなのかもしれません。

次元数が多い世界は安定しない

どうも空間が３次元であることには、思っていた以上にもっともらしい理由があるようです。では、空間はそうであるとして、時間の次元を３次元に上げて３＋３にした６次元の時空について、最後に考えてみましょう。いうまでもなく〝物理屋〟がこよなく愛する対称形です。やはり、見ていて気持ちのいいものです。

ところが、時間の次元がふえると、自然界のさまざまなシステムが不安定になると考えられるのです。たとえば、この世界をつくっている元素の部品である陽子（第４章に出てきた赤いレゴですね）には「寿命」というものがあって、時間がたつと崩壊してしまいます。そうなると元素もばらばらになり、この地球も私たちもおしまいです。でも、陽子の「寿命」は宇宙の年齢よりも長いといわれているので、さしあたりは大丈夫なのです。しかしながら、もしも時間の次元がふえると、そうとはかぎらなくなります。1次元のときは「寿命」を決める基準（ものさし）は一つでしたが、次元がふえると、その数もふえるからです。ある時間方向については「長寿」で安定していても、別の時間方向については「短命」で不安定ということが起こる可能性は高いと思われます。耐震構造をうたっているビルが、横揺れには強いけれど、ある方向には脆《もろ》いことがあるように、測定する時間軸がふえるほど、不安定になって崩壊する確率が大きくなると考えるのが自然でしょう。空間も含め、次元数が多くなると、そもそも「安定」というものは存在しないのではないかと個人的には思います。

でも、もしかしたら時間の次元は2次元、3次元、あるいはもっと大きくて、このような不安定さを回避するために余分な次元が小さく丸まって1次元に見えているのだとしたら……などと妄想してみるのも、興味深いものがあります。

この章では、時間の次元について考えてみました。かなり荒唐無稽な話もしましたが、結局、時間の逆戻りを実現するために違う次元数を考えることは、やや無理がありそうな気がしています（図6-2）。

とはいえ、「時間が2次元である」という、物理学ではタブーともいえるような理論も、実際に学術論文として発表されてもいて、いまでも議論している研究者がいることもつけ加えておきます。

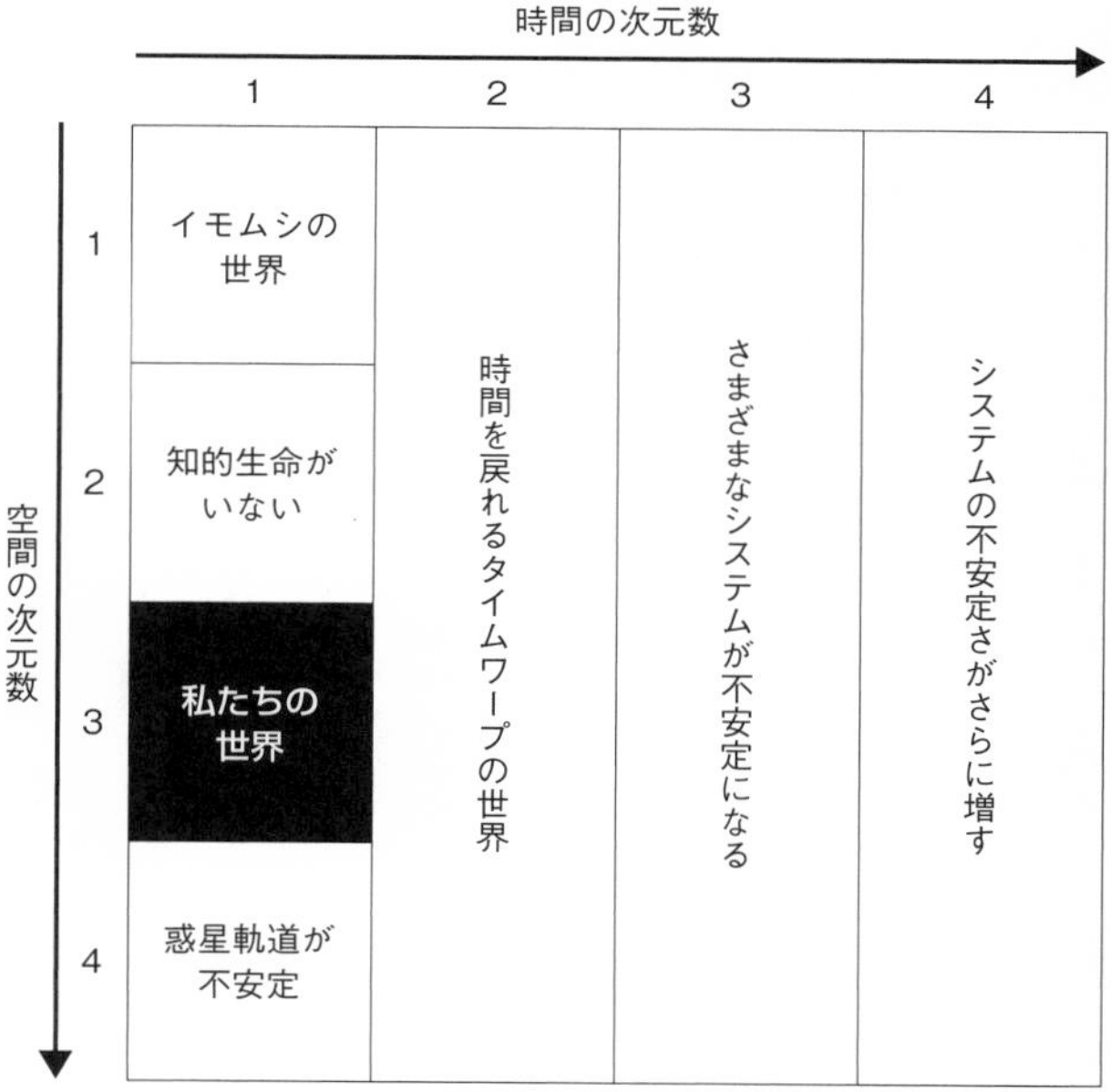

図6-2　さまざまな次元数で起こること
空間の次元数と時間の次元数をさまざまに組み合わせてみたら……

たとえば、これまでの物理学の方程式はすべて、時間は1次元としていたわけですが、これを2次元にして解いてみると、どのようなことが起きるかを調べたりしています。波の伝わり方を示す波動方程式では、時間が2次元になると、安定して伝播していた波が途端に崩れて不安定になり、波動が伝わらなくなるのです。

どれだけマイナーと思われている研究でも、一転してそれが主流となることは、科学の世界では十分にありうる話です。

第7章 量子重力理論と時間

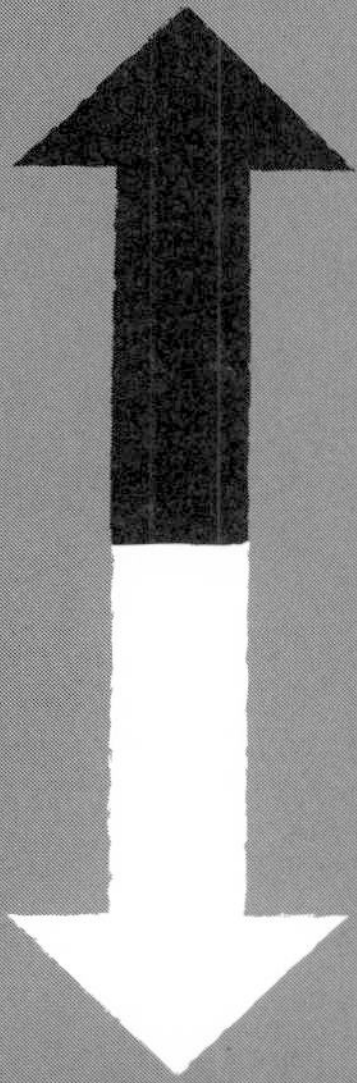

この章では、時間について考える三つめの手がかりとして挙げた「大きさ」に注目しながら、時間の逆戻りの可能性を探っていきます。「時間の大きさ」ってなんだ？　という話は第2章でも少ししましたが、そこには次のように、二つの意味があります。

（1）時間は伸び縮みしてサイズが変わるという意味での「大きさ」

（2）時間には最小単位のようなものがあるかもしれないという意味での「大きさ」

このうち（1）については、アインシュタインの一般相対性理論によってみちびかれることを第3章でお話ししました。時空は「重力」というボールによって、トランポリンのネットのように凹むのでしたね。そのとき空間が凹むだけでなく、時間の進み方も遅れるのです。

一方の（2）は、時間をどんどん分割していくと、最後は素粒子のような最小単位に行き着くのではないか、という考え方です。量子力学がぶっ飛んでいることは何度もお話ししましたが、じつは時間もそんな量子世界の一員ではないかというわけです。第5章で「マクスウェルの悪魔」が復活して時間が逆戻りしたように、量子世界では時間についても何が起こっても不思議ではありません。

ということは時間の「大きさ」については（1）の「重力」と、（2）の「量子」という二つのキーワードをもとに考えていくのがよさそうです。

ところが、この二つを一緒に考えるというのは、なかなか厄介なのです。

自然界には「力」は四つしかない

まず、物理学における超重要アイテムでありながら、ここまであまりふれてこなかった「力」と、そのなかでも異端者といえる「重力」について、あらためてご紹介しておきましょう。

じつは、この世の自然現象は、地球のみならず宇宙のいかなる場所においてもすべて、基本となる四つの力のどれかによって起こったものです。それは次の四つです。

①電磁気力　②強い力　③弱い力　④重力

では順に、紹介していきましょう。

①電磁気力

電気の力と、磁気の力という一見、別ものの二つの力はじつは同一のもので、二つをあわせて電磁気力といいます。照明を光らせモーターを回すだけでなく、私たちがふだん感じている「力」とは、重力を除けばすべて電磁気力です。また、電子と原子核を結びつけて原子をつくる力や、原子どうしを結びつけて分子をつくる力も電磁気力です。

②強い力

次の「弱い力」とともに、初めて聞いた人は必ず変なネーミングだなあと思う名前です。強い力とは、クォークを結びつけて陽子や中性子（赤レゴと青レゴです）をつくり、さらに陽子や中性子を結びつけて、原子核をつくる力です。私たちがふだん感じるにはスケールが小さすぎますが、クォーク一家や陽子一族、中性子一族を結ぶ、見えないけれど家族の強い絆となる力です。

③弱い力

電磁気力よりもはるかに弱いので、こんな名前がつけられました。簡単にいうと、素粒子には時間がたつと崩壊する性質をもつものがあるのですが（原子核のベータ崩壊、中性子の崩壊など）、その原因となるのがこの力です。原発事故の悲惨なニュースでよく耳にした放射性物質も、その一例です。私たちにとっては縁遠いこれらの力も、自然界では重要な役割を果たしているのです。

ここで、④の重力を紹介する前に、これら三つの力に共通することを、まず挙げておきます。これらの力が働くときには、意外に思われるでしょうが、素粒子を媒介としています。電磁気力が働くときは「光子」を媒介として、作用する相手と光子を交換しているのです。強い力が働くときは「グルーオン」を、弱い力が働くときは「W粒子」や「Z粒子」を媒介としています。

なお、このように力の媒介となる粒子のことを「ボース粒子」（あるいはボゾン）と呼んでいます。ポピュラーな電磁気力と、ややマニアックな強い力と弱い力の三つが、ボース粒子が伝える力なのです。このようなことがわかってきたのも、量子力学の大きな成果です。

「重力」のプロフィール

では、四つめの力、重力について紹介します。

ご存じのように、それはいわゆる「物体の重さ」として、私たちが最も身近に感じている力です。質量をもっているすべての物体に働くので、最も普遍的な力ともいえます。しかし、ほかの三つの力と比べると、重力はかなり変わり者でもあるのです。

まず、重力はほかの三つのようにボース粒子を媒介としているのか否かが、わかっていません。いちおう、「重力子」という仮想の素粒子が伝えていると予想されてはいますが、2020年6月現在、まだ重力子は発見されていません。その一方で、一般相対性理論では、重力は時空がトランポリンのネットのように凹んで生まれることが、すでに説明されています。つまり、いまのところ、四つの力の中で一つだけ起源が違うのです。重力子が見つかれば、ほかの力ときれいに様式がそろうのですが、そんなものはないかもしれないというのが実状です。

また、じつは重力は、四つの力の中ではとんでもなく小さいのです。大きさの順番は、

強い力＞電磁気力＞弱い力＞重力

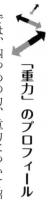

となるのですが、ここで電磁気力＝1としたときの、それぞれの力の大きさを比率で示すと、強い力は、10の6乗なので、1000000です。
弱い力は、10のマイナス4乗なので、0・0001となります。
では重力はといえば、なんと10のマイナス36乗です。したがって、
0・00000000000000000000000000000000001
ということになります。いくらなんでも、ほかの三つと違いすぎる気がしませんか？
重力には、さらに不思議な特徴があります。相手に対して、引力しか及ぼさないのです。ほかの三つの力は、相手を引きつける引力と、相手を遠ざける斥力《せきりよく》をバランスよくもっているのに、なぜか重力だけは一方通行なのです。そこには、「時間の矢」と同じ匂いをほんのり嗅ぎとることができる気もします。そして大きなスケールで見ると、ほかの三つの力は引力と斥力が相殺されて大きな力にはならないことが多いのに対し、重力は一方通行だからこそ、引力だけがどんどん遠方にまで伝わっていきます。しかも重力はさきほどもふれたように、質量さえあればどんな物質にも作用します。あのダークマターやダークエネルギーにも、その力は及びます。だから、広大な宇宙では、とんでもなく小さいにもかかわらず、強い力より、電磁気力よりも圧倒的に、重力の支配が上回っています。まさにちりも積もれば、なのです。
このように重力は四つの力の中できわめて異質な存在です。どの星に住む宇宙人であろうと、

自然界の力が四つくらい（あるいはもっとシンプルにまとめているかもしれませんが）であることは、おそらく知っています。それが宇宙の標準レベルの知識であることは間違いありません。そして、記述や表現の方式は文明によって異なるとしても、力の中で重力を特別視していることも、どの星の住人でも変わらないはずです。

あるとき、講演をしていて学生に、

「映画の『スター・ウォーズ』のフォースのような力って、本当にあるんですか？」

と聞かれたことがあります。そのとき私はこう答えました。

「もしあるとしたら、必ず四つの力に入っているはずです。そして、可能性が最も高いのは重力でしょう。ダークマターにも作用する重力を操れれば、手を触れずに遠くにあるものを引きつけることもできます。重力を真に理解できれば、宇宙の支配者になれるかもしれません（笑）」

ちょっと煽《あお》りすぎたかもしれませんが、若い人には自身が死んでから100年たってようやく実を結ぶほどの壮大な研究に取り組んでほしいとの思いから、こんな答えになってしまいました。願わくは、彼の志がフォースとともにあらんことを。

私たちの地球でいちはやく重力を理解したアインシュタインは、地球人を代表して、一般相対性理論という重力理論を完成させました。前の章でアインシュタイン方程式を紹介したときに、右辺を、宇宙という器の中の物質やエネルギーの総量と言いましたが、それはとりもなおさず、宇宙の重力の総和です。あの式こそは、重力が時空の歪みから生まれることを地球で初めて示したものでした。そのとき時空にさざ波が生じることをアインシュタインが予言してから100年後、重力波が観測され、一般相対性理論の正しさが証明されました。彼の研究はまさに、自身の死から100年後に実を結んだともいえるのです。

「量子重力理論」は物理学者の悲願

さて、ここまで重力について長い話をしてきたのには、もちろんわけがあります。

重力がこれほど宇宙で重要な力であるにもかかわらず、ほかの三つの力のように素粒子の働きとして理解することは、いまのところできていません。重力だけが一般相対性理論を起源としていて、量子力学とはつながっていないからです。アインシュタイン方程式では、重力はあの曲率を表す「R」（リッチスカラー）という、たった一つの項だけからみちびかれます。そこには、量子力学につながる重力子という素粒子の存在は、いまのところ認められていません。

しかし、みなさんもすでにご存じのように、自然界にはマクロの世界とミクロの世界があり、ミクロのスケールで見なければ本当には理解できないことがたくさんあります。そして、ミクロの世界を見るための、いわば〝のぞき眼鏡〟が量子力学です。重力のように重要な力を量子力学で見られないことは、物理学にとっては大問題なのです。

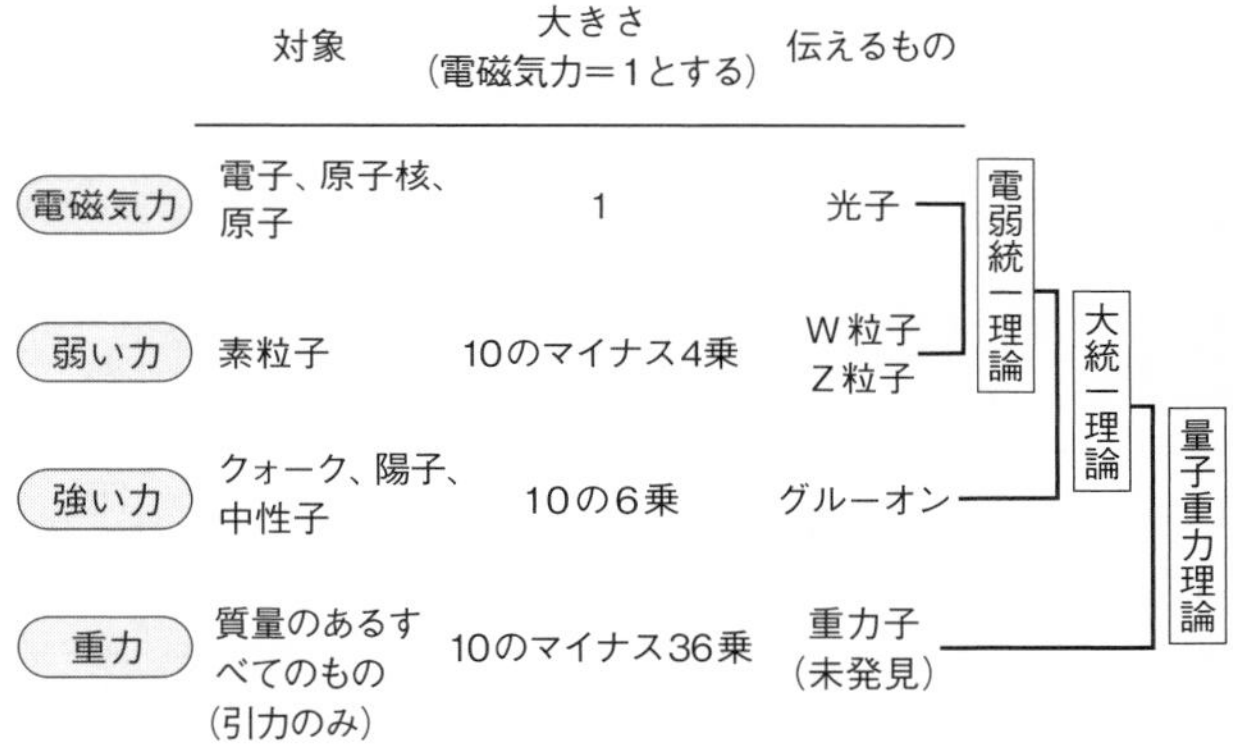

図7-1　四つの力の特徴と、理論の統一
重力を含めた四つの力をすべて統一するのが量子重力理論

重力も量子力学で統一的に扱いたい——これは物理学の究極の目標ともいえます。ホーキング博士もそれを可能にする理論を「Theory of Everything」（＝すべてを説明できる万能理論）であると位置づけ、完成させることを夢見ていました。SF映画ならさしずめ、この理論を手に入れた者が、神の力を得て、世界をその手におさめることができるのでしょう、高笑いとともに。

なお、力を統一された一つの理論で扱いたいという物理学者の願望は、いま電磁気力と弱い力をまとめるところまで叶えられています（図7-1）。これを「電弱統一理論」、あるいは貢献者の名をとって「ワインバーグ＝サラム理論」と呼んでいます。次は、これと強い力をまとめた理論が目標ですが、それには「大統一理論」という名前はついているものの、まだ完成はしていません。とはいえ、力を媒介する素粒子はわかっているので道筋は見えているといえます。

問題は、重力を含む四つの力すべてをまとめることにあります。21世紀になって20年が経ついまも、どうすればいいのか、軸となるアイデアすら定まっていません。やはりネーミングが先行して「量子重力理論」と呼ばれているこの理論こそ、世界中の物理学者の悲願なのです。

量子重力理論をつくるうえでの困難は、重力を量子化するにあたって、重力を媒介する素粒子(たとえば重力子と仮定されているもの)には大きさがないことです。これは重力にかぎった話ではなく、物質の最小単位である素粒子は、極小の「点」ですが、この点には大きさがないのです。すると、困ったことが起きます。

みなさんは数学で、絶対にやってはいけないことが一つだけあるのをご存じでしょうか。先生の頭を叩くこと？　違います。そう、ゼロで割ることですね。どんな数であれ、ゼロで割る割算は、「発散」といって答えが無限大になってしまって決められなくなるので、禁止されているのです(まあ違反しても罰金をとられるわけではありませんが)。

そして素粒子に大きさがない、つまり大きさがゼロだと、量子力学に必要な計算をやっていくうえで、どうしてもゼロで割るという禁じ手を犯さなければならなくなってしまうのです。

しかし、電磁気力も大きさゼロの光子を媒介とする力です。だから、やはり発散の問題はつきまとうのですが、電磁気力の場合は「繰り込み」といって、問題をよりミクロな世界に押しつける、「しわ寄せ」とも思える方法によって、ピンチを切り抜けることができました。そう言うとなんだかご都合主義なようですが、この「繰り込み理論」をそれぞれ別々に発見した朝永振一郎、シュウィンガー、ファインマンには、１９６５年にノーベル物理学賞が与えられています。朝永は第４章でご紹介した量子力学を題材にしたミステリー「光子の裁判」を書いた人です。

だったら重力でも「繰り込み」を使えばよさそうなものですが——残念ながら重力の場合は、自然界の最も基本となる空間や時間、すなわち時空を相手にする力なので、もうほかに押しつけられるところがないのです。ここに量子重力理論の難しさがあります。

それでも、人類は量子重力理論という悲願に向かって少しずつ、歩みを進めてきてはいます。現在では、その有力候補とされるアイデアが二つ提唱されています。

一つは「超弦理論」、もう一つは、「ループ量子重力理論」です。

両者のアプローチはかなり異なります。以下に、それぞれをご紹介していきましょう。

超弦理論のプロフィール

まず、超弦理論からみていきます。

簡単にいえばこれは、素粒子を大きさがゼロの点ではなく、長さをもつ「弦」と呼ばれるものであると考える理論です。そうすることで、ゼロで割ると無限大に発散するという超難問を回避

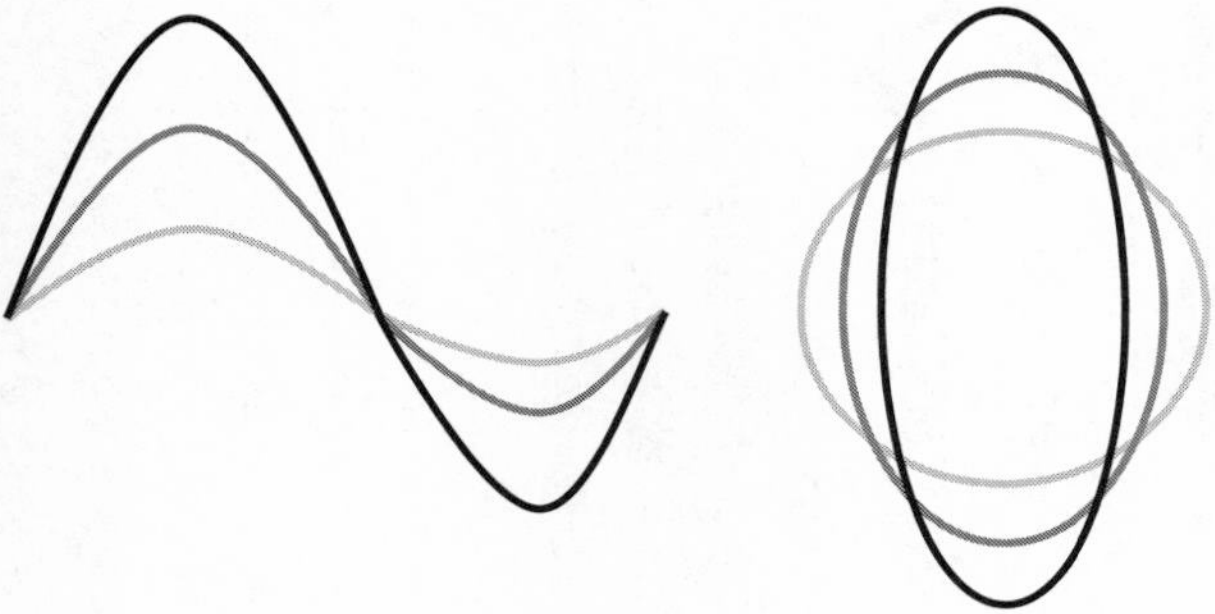

図7-2　超弦理論の２種類の弦
開いた弦（左）と閉じた弦が振動しているイメージ

しようという発想です。弦はそれぞれが振動していて、その動きぐあいでどんな素粒子かが表現されます。弦は「ひも」とも呼ばれるため、「超ひも理論」という呼び方もされています。

超弦理論のもう一つの大きな特徴は、前の章でも少しふれましたが、９次元の空間と１次元の時間という、きわめて高次元の時空を考えることです。「９次元っていったいどんなの？」と頭がくらくらしてくるでしょうが、いまはあまり気にしなくても大丈夫です。

ごく大づかみにいえば超弦理論では、物質をつくる「フェルミ粒子」（あるいはフェルミオン）と、力を媒介するボース粒子には対称性があると考えます。これをとくに「超対称性」といいます。そして、この原理とさまざまな計算の結果がうまくかみあうよう整えていくと、結果として９＋１という高次元の時空になるというのです。そして、私たちにとっては余分な6次元の空間は、人工的な「コンパクト化」と呼ばれる収縮をして、目に見えないようになると考えます。

また、超弦理論では、弦は2種類あると考えます。一つは、両端に何もないひも状のもので、もう一つは、両端がくっついて輪になったものです。前者を「開いた弦」、後者を「閉じた弦」といいます（図7－2）。

そして、物質をつくるフェルミ粒子や、電磁気力などの力を伝えるボース粒子は、開いた弦であり、重力を伝える重力子だけ、閉じた弦で表現されると考えるのです。

さて、自分で説明しておいて恐縮ですが、ここまでの話が「理解できた」と思っている方は、おそらく一人もいらっしゃらないでしょう。なにやら煙に巻かれた気がしているのではないかと思います。しかし、このあたりを丁寧にやるとそれだけで一冊の本になってしまいますし、正直にいうと、理解できなくても本書を読むうえではほとんど不都合はありませんので、超弦理論の紹介はいったん、ここまでとさせていただきます。

ループ量子重力理論のプロフィール

さて、量子重力理論のもう一つの有力候補が、ループ量子重力理論です。これまでにも名前をあげたイタリアの物理学者ロヴェッリが提唱したものです。

この理論では、時空は3次元の空間と1次元の時間という現状どおりの設定になっています。その点は超弦理論に比べると、とても落ち着きます。

ただし、時空多様体の扱いを、量子的に離散的なものとして取り扱います。

はあ？　ですよね。大丈夫、いまから説明しますので。

第4章で「量子力学の怪」として「エネルギーの量は飛び飛びの値をとる」という話をしました。量子力学では、エネルギーがとる値は隙間のない連続的なものではなく、飛び飛びの不連続なものになります。これを離散的といいます。これと同じように、連続的と思われていた時空もじつは不連続で、空間も時間も飛び飛びの編み目のように離散的な構造をしていると考えるのです。具体的には、「ノード」と呼ばれる点と、それらを格子状に結ぶ「エッジ」と呼ばれる線からなるネットワークで、時空の全体が表されると考えます。

このイメージは数学の「グラフ理論」に似ています。グラフ理論とは鉄道やバスの路線図や、電気回路などをつくるときに「つながり方」を考えるために使われる理論で、最近ではSNSのような、まさに社会的なネットワークの問題を解くときにも非常に有効とされるツールです。

ループ量子重力理論が予言する時空のネットワークでは、「スピン」と呼ばれる素粒子の回転の方向が重要な意味をもちます。そこで、このネットワークはしばしば「スピンネットワーク」とも呼ばれます。そしてスピンネットワークには、重力を表す「輪っか」があります。それを

「ループ」と呼ぶことが、理論の名の由来となっています（図７－３）。

ループ量子重力理論とは、このように時空を離散的に扱うことで、空間や時間にはそれ以上は分割できない最小単位があることを示す理論です。そうすることで、時空そのものを量子化し、さらに最小限の「大きさ」を与えることで、ゼロで割るという発散の問題も回避しているのです。ここに、超弦理論との本質的な違いがあります。

超弦理論では、９＋１＝10次元という高次元の時空を想定しますが、それは既存の４次元時空に、人工的にコンパクト化した６次元空間をくっつけたものであり、その意味では、一般相対性理論からみちびかれた時空の概念を大きく変更するものではありません。一方のループ量子重力理論は、時空の量子化をめざして、一般相対性理論とも量子力学とも異なる「飛び飛びの時空」という新たな時空モデルを構築しています。

では、本当に時空が飛び飛びの量子だとしたら、空間や時間の最小単位はどのくらいのサイズなのでしょうか。ループ量子重力理論の提唱者ロヴェッリは、それは「プランクスケール」になると考えています。プランクスケールとは量子力学の生みの親ともいわれるプランクが示した、自然界のさまざまな量について極小と考えられる値の総称で、プランク長、プランク温度、プランク時間などがあります。

このうちプランク長は、10のマイナス33乗㎝という桁数とされています。生物の細胞は小さい

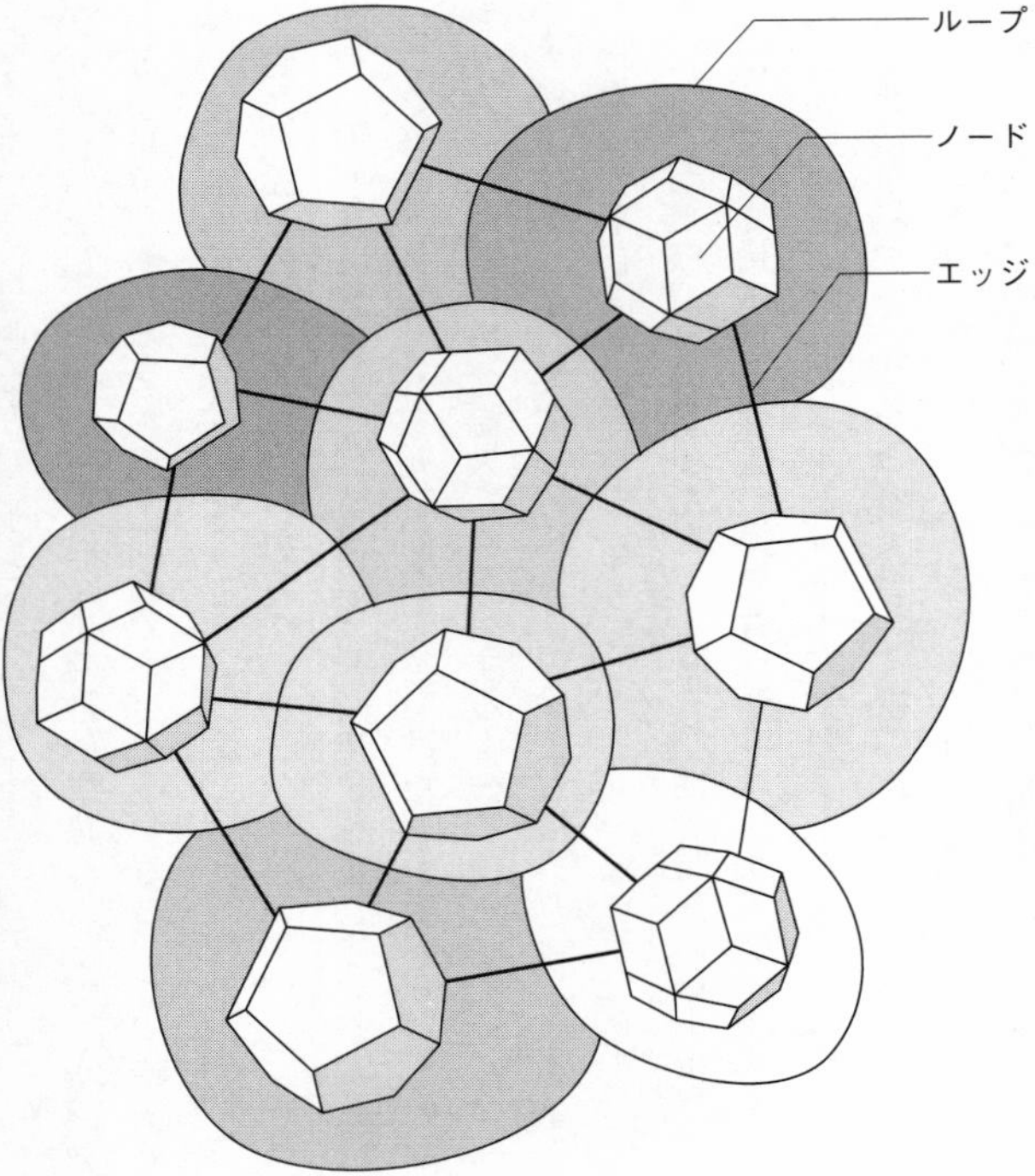

図7-3　ループ量子重力理論が考える時空
スピンを結ぶネットワークで形成される

ものでも10のマイナス5乗cmで、原子は10のマイナス8乗cmですから、プランク長から見れば、それらも超々巨大な物体になってしまいます。

また、プランク時間は、光子がプランク長だけ進むのに要する時間と定義されていて、それは10のマイナス44乗秒という桁数です。1億分の1秒を10億分の1にして、さらに10億分の1にして、さらに……またさらに……と4回やったらこうなります。近年ではミクロの時間を実験で再現する研究が進んでいて、ついに「アト秒」という単位の時間まで観測できたと話題になりましたが、このアト秒でも桁数は10のマイナス18乗ですから、プランク時間に比べれば、まるで永遠のようです。

時空を量子化すると、空間はプランク長に、時間はプランク時間になるとロヴェッリは考えています。著書『時間は存在しない』によれば、彼は大学時代に「10のマイナス33乗」と書いた紙を寝室に掲げ、「このスケールの世界で何が起きているのかを理解すること」を、自分の目標としたそうです。人間がとらわれているマクロな時空の制約から自由になり、ミクロの世界を理解したいという壮大な夢が、この理論の原動力だったのでしょう。

二つの理論はどちらが正しい？

重力と量子を統一的に扱える量子重力理論というものが本当に存在するなら、それは超弦理論なのか、ループ量子重力理論なのか、それとも何か別の理論なのか。もちろんまだまだ結論が出せることではありませんが、答えはこのうちのどれかになるはずです。では、最有力候補とされるこの二つの理論について、少し比較してみましょう。

まず、あらためて言っておきますと、そもそもどちらの理論にも、現実の観測にもとづく証拠があるわけではないので、直接に正しいかどうかを検証することはできません。

科学では、ある理論が正しい可能性があるかを見定めるとき、「予言性」をもっているかどうかで判断するのが一つのセオリーです。答えがわからない問題について、説得力ある根拠をもって回答を予言できるか、ということです。そして量子重力理論では、予言性の判定には「ブラックホールの熱力学」なるものが「お題」とされるのが定番です。

ブラックホールは一般相対性理論で予言された、いわば「重力のお化け」です。しかし、その一方でブラックホールは「量子のかたまり」と見ることもできます。じつはその表面では、粒子と反粒子がたえず、くっついては消えていて、いわば「蒸発」しているからです（これはわが師でもあったホーキングの発見です）。そしてこのことは、ブラックホールに熱力学的な性質があることも示しています。第5章でみたように、ミクロの分子や原子が集まって膨大な数になると現れる、マクロな現象を扱うのが熱力学だからです。

ならば、「重力のお化け」であるブラックホールの熱力学的な性質を、量子力学をつかって計算する式がつくれれば、その理論はこの「お題」に関しては、重力理論と量子力学を一緒に扱えたことになります。だったら量子重力理論として成功する可能性もあるだろうというわけです。

では、二つの理論はこの「お題」に答えられたのかといえば——じつは、どちらもクリアしてしまいました。つまり「引き分け」です。ちょっとだけ具体的に説明すると、「ブラックホールのエントロピーは表面積の大きさに比例する」という関係式がつくられたのです。

というわけで、これからまた何かをそれぞれに予言してもらって、観測でそれが検証されないことには、どちらが正しいのかはまるで判断がつかないのです。

ただしロヴェッリによれば、彼らの研究チームは現在、ブラックホールの最終状態である量子崩壊をループ量子重力理論で計算する試みを始めているそうです。これで何か観測可能な予言が出てくれれば、有力な判断材料となるはずです。結果が待たれます。

一方の超弦理論は、予言能力の比較では分が悪いのかもしれません。想定する時空が９次元、10次元なので私たちの４次元世界との隔たりがあまりにも大きく、未知の次元をどう扱うかによって予言がいくらでも変わってしまうからです。現状では、高次元の時空を考えることに、数学的な枠組みをつくれるという以上のメリットはないように思われます。率直にいえば私も、超弦理論は時空の本質を真剣に考えているとは思えず、ループ量子重力理論のほうに、相対性理論や量子力学にも通じる過激なまでの革新性を感じるのです。

しかし、量子重力理論の研究者のあいだでは、世界的にみても超弦理論のほうが人気があるように思われます。ループ量子重力理論に積極的に取り組んでいる人は、かなり少ない印象です。それは、ループ量子重力理論には高度な数学が必要不可欠であることや、そうした数学を一部のグループだけが構築して主導しているために、少なからず理解されにくい面があることが影響しているように思います。かたや超弦理論では、主役が弦から「ブレーン」と呼ばれる膜へ移行するなど、数学よりも世界観を抽出した物理でのさまざまなブレイクスルーがあったので、関心をもたれやすく、参入する研究者が多いのかもしれません。私自身も、この流行にのってブレーン研究を始めたミーハーな一人です。

しかしアメリカの高名な物理学者ファインマンは、超弦理論にこんな苦言を呈しています。

「彼らは何も計算してないじゃないか。ひも（弦）からは、クォークの質量すら出てこないじゃないか。まったくナンセンスだ」

ファインマン先生は、ひもがお気に召さなかったようです。

時間が消えた！

では、これらの量子重力理論の候補は、私たちにとって本題の「時間の逆戻り」について、なんらかの可能性を示してくれるのでしょうか。

じつはループ量子重力理論は、時空を量子化して、時間にも素粒子サイズの「大きさ」があることを示しただけではなく、ついには時間の存在そのものを消してしまいました。逆戻りどころではありません。ここでは、何はともあれこの驚きのマジックを、ロヴェッリの著書も参照しながら種明かしししてみようと思います。

まず、あらためていうと一般相対性理論は、時空は一定不変ではなく重力によって伸び縮みすることを明らかにした重力理論です。これと量子力学を統一的に扱うために、超弦理論では時空は本質的にはそのままに、重力を量子化することを考えました。そのために、重力子などの素粒子が弦でできていると仮定しました。それに対して、ループ量子重力理論が考えたのは、重力が伝わる「場」、すなわち「重力場」の量子化でした。

物理学では、場は物質としての実体をもっていると考えられています。そして量子力学にしたがえば、物質はすべて素粒子でできているので、重力場も素粒子でできていることになります。重力場とは、重力を伝える時空にほかなりませんので、空間も時間も、素粒子でできているというわけです。これが、ロヴェッリが考えた時空の量子化です。

時間も量子世界の一員ということになると、たちまちぶっ飛んだことが起こってきます。その一つが、揺らぎです。素粒子である時間は不確定性原理によってあっちこっちに揺らいで、位置や速度を決めることができません。決まるのは、第４章でみたように誰かが観測したときです。

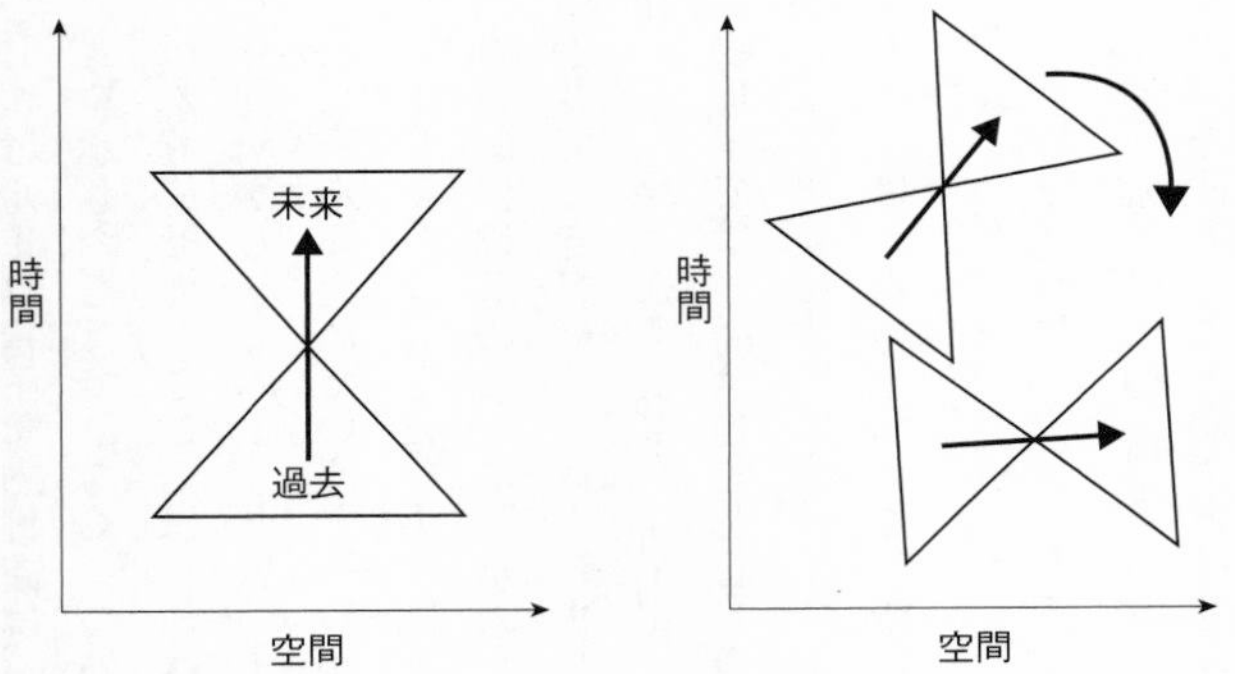

図7-4　時間と空間が入れ替わる
時空が揺らぐと、光円錐も揺らいで時間方向が空間方向になる

たとえばアインシュタインが考えた、因果律を表す光円錐も揺らぎます。光円錐は第3章の図3－2に示しましたが、光が進む線を表す境界線は、斜め45度に描かれます。ところが、時空が揺らぐと光円錐も揺らぎ、時間を表す方向が空間を表す方向になるといった、時間と空間の入れ替えが起こると考えられているのです（図7－4）。この現象はブラックホールの内部でも起きていると考える研究者もいます。そこでは、もはや空間と時間の区別さえ崩壊しているというのです。想像を絶する状況です。まあ、このあたりの話は抽象的すぎますが、あれだけ堅物に思えた時間も量子世界に仲間入りしたとたん、ならず者になってしまうということです。

そんな（ほかのあらゆる物質と同様に）あやふやなものを、あえて「時間」と呼んで特別扱いする意味があるだろうか。方程式にわざわざ「t」などという変数を入れる意味があるだろうか。ロヴェッリはそう考えました。

時間とは、あらかじめ決められた特別な何かではない。時間は方向づけられてなどいないし、「現在」もなければ、「過去」も「未来」もない。だとするなら、いったい時間の何が残るのか。あるのはただ、観測されたときに決まる事象どうしの関係だけだ。ごく局所的な、Aという事象とBという事象の間の関係を述べているだけだ。これまでは量子力学の方程式も、時間の発展を前提としていたが、もはや時間は表舞台からきれいに姿を消してしまった。時間とは、関係性のネットワークのことである――これがループ量子重力理論の本質です。

いわば10枚の絵を最初から最後まで一つのストーリーに沿って見せる紙芝居のような時間は幻想であり、たとえば2枚目と5枚目などの個々の関係を示すものにすぎないというわけです。

じつは、このような時間の発展がない物理は、１９６０年代に、アメリカのホイーラーとドウィットという二人の物理学者が最初に構築していました。ホイーラー＝ドウィット方程式と呼ばれているものです。二人は一緒に量子重力理論を研究していて、時間を消すという発想に至ったのです。この方程式は非常に先駆的でしたが、長年、研究者を悩ませてもきました。解けたとしても、時間がないため、その解が何を意味しているかがわからなかったからです。

ロヴェッリの理論は、この方程式を現代物理学によって拡張したものです。個々の量子の関係性をスピンの回転方向で区別して記述することで、時間は方程式の中に溶け込んだのです。

時間は「無知」から生まれる

なんと、「時間は逆戻りしないのか」を追いかけてきたら、時間が消えてしまいました。そこまでしなくても、と言いたい気持ちにもなりますが、「逆戻り」というテーマ設定がそもそも、時間とは流れるものという幻想に縛られているのだ、とロヴェッリは言うかもしれません。

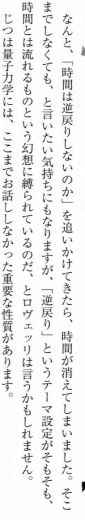

じつは量子力学には、ここまでお話ししなかった重要な性質があります。

$$ab \neq ba$$

というものです。aとbをかける順番は、どっちが先でも同じだと私たちは当然のように思っていますが、量子世界ではそうではないのです！

量子をかける順番には、厳然とした順序があります。これを「量子の非可換性」といいます。なぜそうなるかをごくおおまかにいうと、ミクロの量子は揺らいでいるため、量子の位置が確定してから速度が確定した場合と、速度が確定してから位置が確定した場合では、量子の状態に違いが生じるからです。こうした不可逆な変化からは、「時間の矢」の気配をみなさんも感じとるでしょう。ロヴェッリも、これを「時間の芽」と表現しています。実際に、一方向にしか進まない時間の流れは、じつはこうした量子の非可換性から生まれているとも考えられています。

しかし、著書でロヴェッリは明快に時間の存在を否定するのです。彼の論旨を意訳すると、*ab*と*ba*がイコールだと思っているのは、私たちが無知だからです。私たちがこの世界を、非常に粗く、ぼやけた見方でしか認識できないために、同じに見えているにすぎないというのです。

そして、じつはエントロピーなるものが存在しているように見えるのも同様に、私たちが世界を曖昧なかたちでしか見ていないからであり、かりにミクロなレベルでの量子の状態を完全に知ることができたら、エントロピーが示す時間の一方向性も消えると断言しているのです。

物理学における「時間」とは、結局のところ、私たちがミクロの世界の詳細を知らないために生じているものなのだ——ロヴェッリはそのように結論づけたあとで、こう言い添えています。

「時とは、無知なり」

「アキレスと亀」の答え合わせ

ただ私自身は、「時間が揺らぐ」という発想は興味深いと思いますが、「時間が消える」とまで言いきるには、まだいささか論理の飛躍があるように感じます。やはり、時間があらわに存在しないループ量子重力理論は、多くの研究者にとってまだまだ抵抗があり、いったい何を扱っているのかわからないと感じられる気がします。取り組む研究者が増えにくい理由の一端には、物理学者といえどもぬぐい去れない、時間に対するタブーのような感覚があるようにも思います。

ところで、第1章で「宿題」を出していたのを覚えていますか？　そう、ゼノンのパラドックスでアキレスが亀に追いつける理由をどう説明するかでしたね。それには時間が無限に小さく刻めるか、それとも有限の大きさをもつのかが鍵になると言いました。

では答えを発表しますと、時間が無限に刻めるなら、アキレスは亀に追いつけます。「アキレスが追いつく」とは、亀の位置に達するまでの時間がゼロになることです。かりにスタート時のそれを1とすれば、やがて0・1になり、0・001になり、0・00001になりますが、こんなふうに0がどこまでも続くなら、その数は「無限小」といってゼロとみなすことができ、アキレスは追いつけます。しかし、どこかで1が出てくる有限の小ささなら追いつくことはできません。無限小をゼロとみることに抵抗があると、こうは考えられないでしょう。

しかし、この解答は数学的にシンプルに考えた一例にすぎません。このパラドックスにはほかにも多くの論点があり、驚くべきことに、いまだに数学者や哲学者が真剣に議論しているのです。

それこそロヴェッリが主張するように時空を量子化すると、時間は無限小ではなく最小単位をもつことになりますので、パラドックスは解けなくなってしまうのではないでしょうか？

時間は量子化できるかという問題には、このように時間の本質にかかわる多くのテーマが隠れていて、これからますます面白くなりそうです。

第8章 サイクリック宇宙

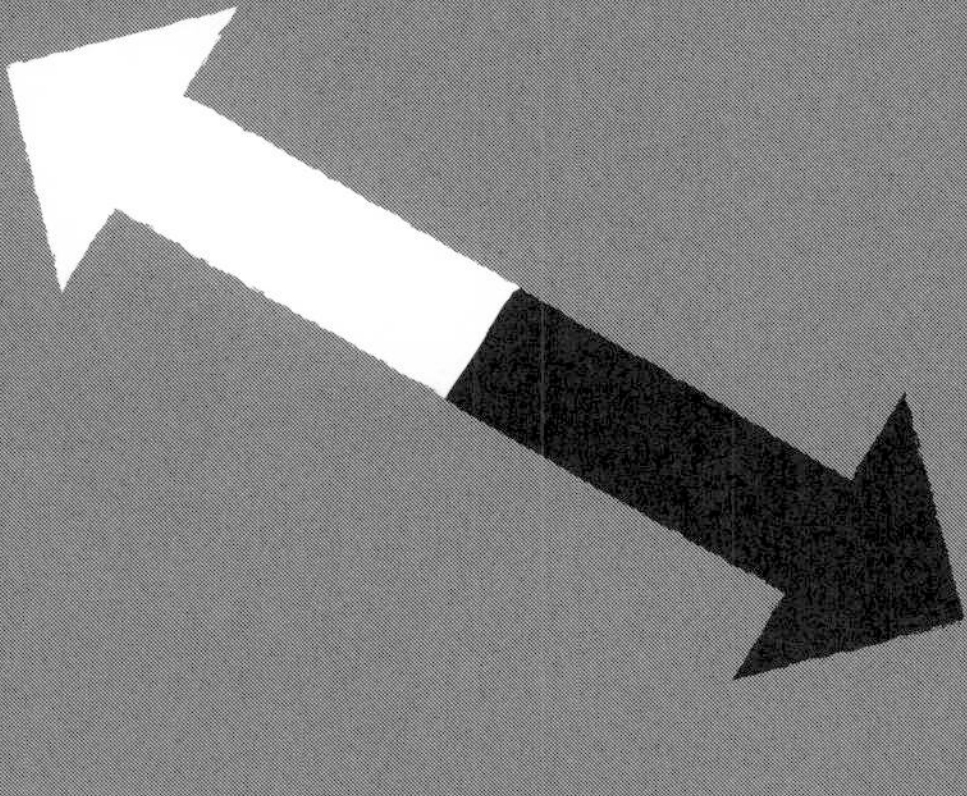

前の章では、量子重力理論の二つの候補のうち、ループ量子重力理論にやや肩入れしすぎたかもしれません。やっぱり「時間が消える」というのは強烈なインパクトですからね。

一方の超弦理論については、ちょっとネガティブな意見も述べてしまいましたが、じつはこちら側でも、理論の発展とともに驚くべきアイデアが提唱されてきています。それは時間にもおおいに関係していますので、ぜひこの章で紹介したいと思います。「時間の逆戻り」を実現するのは、むしろこちらのほうかもしれません。

「弦」から「膜」へ

超弦理論では、弦が2種類あると考えることは前の章で紹介しました。両端に何もない、ひも状の「開いた弦」と、両端がくっついて輪になっている「閉じた弦」です（図7－2参照）。重力を伝えると想定されている、まだ発見されていない重力子だけが「閉じた弦」で表され、ほかの物質や力は、「開いた弦」で表現されるのでした。

ところで、前の章でもお話ししたように超弦理論は9＋1という高次元の時空を考えるので、私たちが住む3＋1の時空で起こることについての予言性はどうしても低くなります。そのために余剰な六つの次元を小さく折りたたむコンパクト化という操作が行われていましたが、やはり不自然さは否めず、理論としての完成度がもうひとつでした。

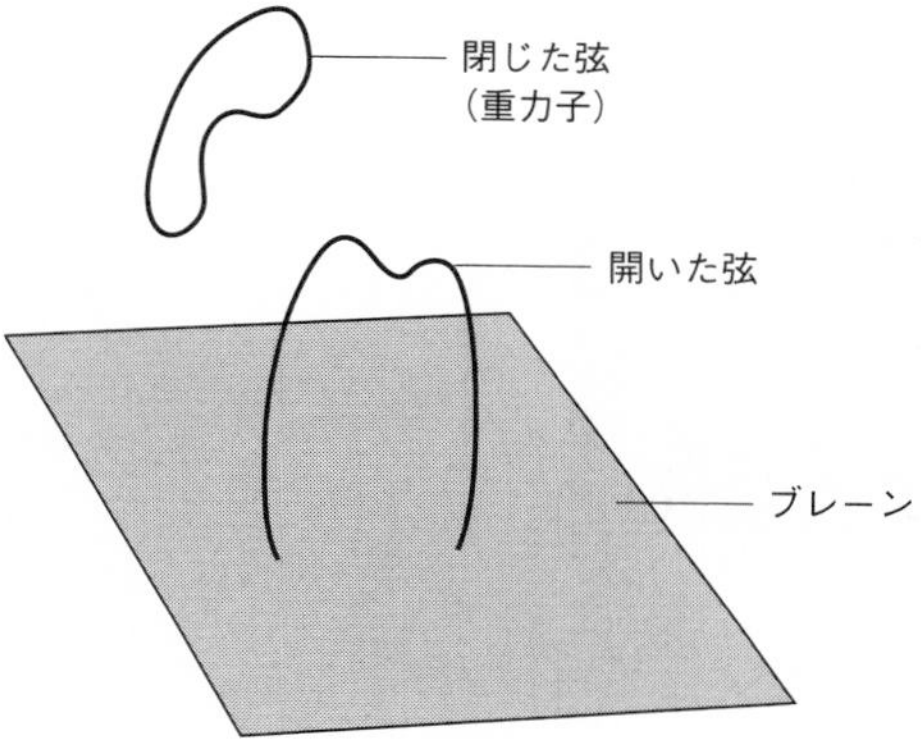

図8-1　ブレーン
「開いた弦」の端がくっついている

ところが研究が進むにつれて、「開いた弦」は、その端っこを「膜」のようなものにくっつけていることが発見されたのです。発見、といっても顕微鏡で何かを観察して見つかるようなものではないので数学の計算からわかったわけですが、これが超弦理論にとって大きなブレイクスルーとなりました。この膜は「ブレーン」と呼ばれています（図８－１）。

では、ブレーンとはいったいどのようなもので、なぜそんなにご利益があるのでしょうか。

この世界の時空が、超弦理論の予言どおり９＋１次元であるとします。しかし、そのある一部の狭い領域に粒子やエネルギーが集中して、私たちが住む３＋１次元の時空をつくっている――そのように考えることができるのです。粒子やエネルギーの局所的な集中は「ソリトン」と呼ばれ、イギリスの物理学者ラッセルが、エジンバラの運河で船首から発生

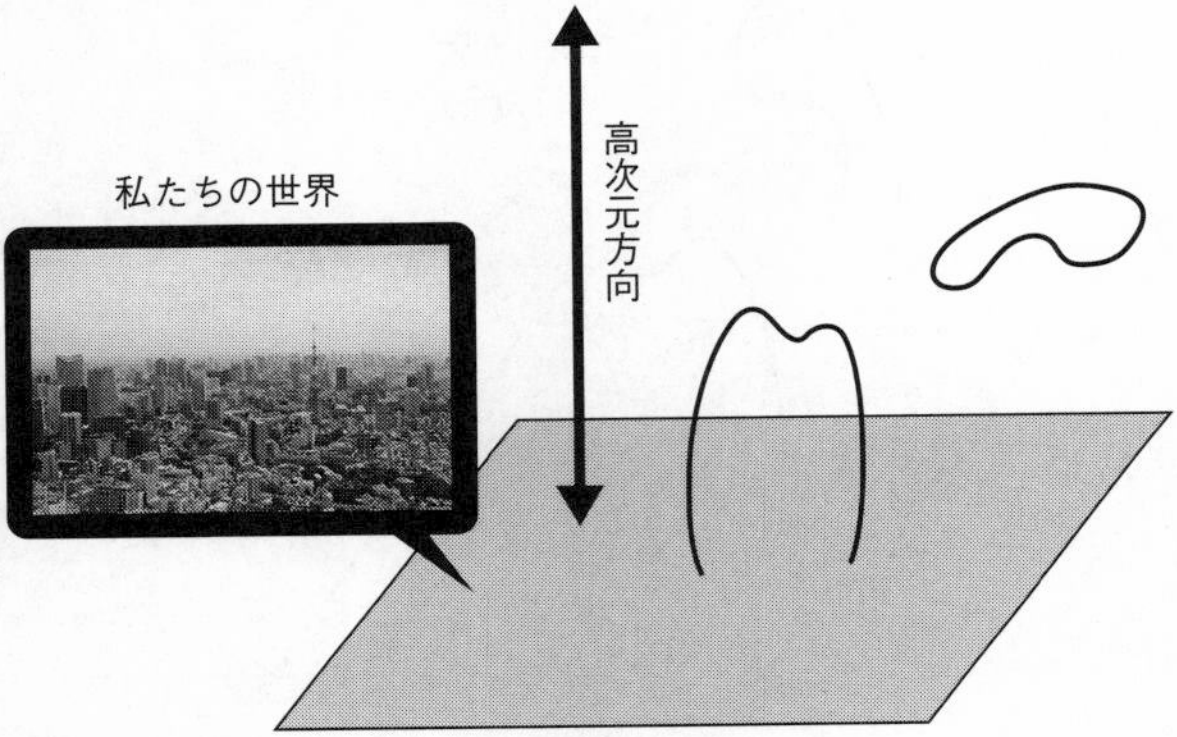

図8-2　ブレーンからみた新しい世界像
高次元の現象はブレーンの上に影絵のように投影される

した波が水面上を何キロも、波形を保ったまま進むのを見て発見したそうです。たくさんの粒子の塊が波になると、容易には崩れないということです。このようなソリトンが9＋1次元時空で発生し、それがブレーンという平たい膜となったものが、私たちの住む3＋1次元時空であるというのです。

重力を除くすべての物質の基礎である「開いた弦」は、ブレーン上に両端あるいは片端をくっつけて存在しています。重力を表す「閉じた弦」は、ブレーンに切り開かれて「開いた弦」になってブレーンにくっつくか、そのままふわふわと時空に浮かんでいます。ほかの次元にも行けるのは、自由に動ける「閉じた弦」だけです。

つまり、私たちは9＋1次元の時空に浮かぶ、平たい3＋1次元のブレーンの上に拘束されています。平たい面というと2＋1次元のようなものを想像するかもしれませんが、あくまで高次元における膜なので、「空間3次元の平たい面」なのです。第6章の宇宙の形状のところで登場した「平坦な3＋1次元」の宇宙がまさにこの例です。そんな私たちにとって、この時空のほかの場所で起こる高次元の現象はすべて、いわば影絵のように、平たいブレーンの上に投影された3＋1次元の現象として認識されます。これが、超弦理論がブレーンをもとに新しく描きだした世界像です（図8－2）。

ブレーンの発見によって、超弦理論のネックだった余分な六つの次元は、とりあえず気にする必要がなくなりました。じつはブレーン世界では、ブレーンは空間5次元までしか移動できないと考えられています。したがって空間9次元全体を見なくても、空間5次元までを考えれば、私たちが住む世界の現象を語ることができます。私たちは世界のすべてをブレーンという空間3次元の平面に映った影だと思えばよく、予言の可能性がうんと高まったのです。いまや超弦理論では、弦ではなくブレーンが基礎的な粒子と考えられるようになっています。弦から膜へと、主役が移ったのです。

「ビッグバン」はブレーンの衝突か？

さて、この章はここからが本題です。

ブレーンの発見は、超弦理論にとって「革命」として語り継がれる大エポックでした。とくに理論物理学者ランドールらによって、このブレーンモデルがきちんと、アインシュタイン方程式の5次元の解になっているのを示せたことが大きく、この功績で彼女は一躍有名になりました。世界の物理学者たちは（私も含めて）こぞって「ブレーン宇宙」ともいえる新しい宇宙像の研究に夢中になったのです。

高次元空間では、ソリトンはいくつも存在しています。そこからブレーンがいくつも生まれています。ブレーンでは重力を表す「閉じた弦」だけは拘束されないので、時空に浮かんでブレーンから離れていくこともできます。このことから、ほかの三つの力に比べて重力がきわめて弱い理由を説明できる可能性があります。そして重力は、そのようにして高次元空間にも移動できるので、ほかのブレーンに引力を及ぼしたりしています。すると、ブレーンどうしが重力で引きつけあって、2枚のブレーンが接近して隣りあうということも考えられます。

1999年8月のある日、スタインハートとトゥロックという二人の物理学者は、イギリスのアイザック・ニュートン数理科学研究所で、超弦理論研究者によるブレーン宇宙についての講演を聴いていました。彼らの共著『サイクリック宇宙論』によれば、このとき、二人はまだ顔見知りという程度の間柄で、聴講中も離れた席に座っていましたが、講演が終わるやいなや、ともに檀上に歩み寄って、どちらかがこう質問したそうです。

「ビッグバンとは、2枚のブレーンの衝突にほかならないのでは？」

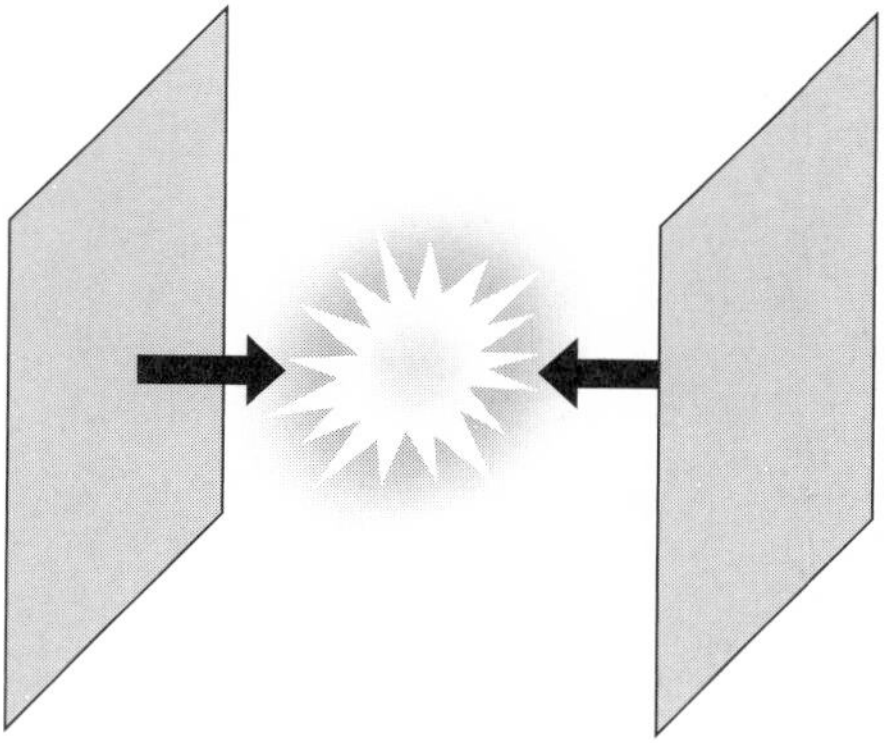

図8-3　ブレーンどうしの衝突
2枚のブレーンの衝突がビッグバンとなる

どちらが尋ねたのかは、二人とも覚えていないそうです。しかし、それを聞いたもう一人は、まったく同じことを考えた人間がいた、と思ったのだそうです。

これをきっかけに彼らはタッグを組み、新しい宇宙論の構築に邁進《まいしん》します。彼らのアイデアの核心にあったのは、宇宙の始まりのイベントとされている「ビッグバン」とは、私たちの宇宙であるブレーンが、隣りあうブレーンと衝突して、そのときに発生した巨大なエネルギーによって火の玉のような状態になったものだ、という宇宙創成のシナリオでした（図８－３）。

なぜ彼らは、このような荒唐無稽とも思える考えにとりつかれたのでしょうか。その原動力となったのは、いまでは定説ともなっている宇宙創成のあるモデルについての、強い疑問でした。では、それはどのようなモデルなのかをみていきましょう。

インフレーション宇宙の「創世記」

ご存じの方も多いと思いますが、宇宙創成について知るために本当に重要なのは、一般の人たちにも耳慣れた「ビッグバン」ではなく「ビッグバン以前」です。すべての始まりは、そこにこそあります。さまざまな物質から銀河などの大きな構造まで、宇宙という「器」に入るすべてのものの起源となる「密度の種」ともいうべきものも、そこで生成されたと考えられています。

では、ビッグバン以前の宇宙はどのようなものだったかといえば、「インフレーション宇宙」というモデルが、現在では多くの人に支持されています。インフレーションは「加速的な膨張」という意味で、よく「インフレ」と略される経済用語からとったものです。1981年にアメリカのグースと日本の佐藤勝彦が同時に発見し、提唱しました。

以下に、インフレーション理論が記述する宇宙創成のシナリオを、簡単にお話しします。

138億年前、宇宙がぽつんと発生したとき、それはきわめて微小な空間でした。そこには、「インフラトン」と呼ばれる粒子だけがあったとされています。インフレーションを起こすといわれる仮想の素粒子です。インフラトンはすさまじいエネルギーをもっていて、宇宙空間を瞬間的に、とてつもない大きさに広げました。10のマイナス36乗秒から10のマイナス34乗秒までのき

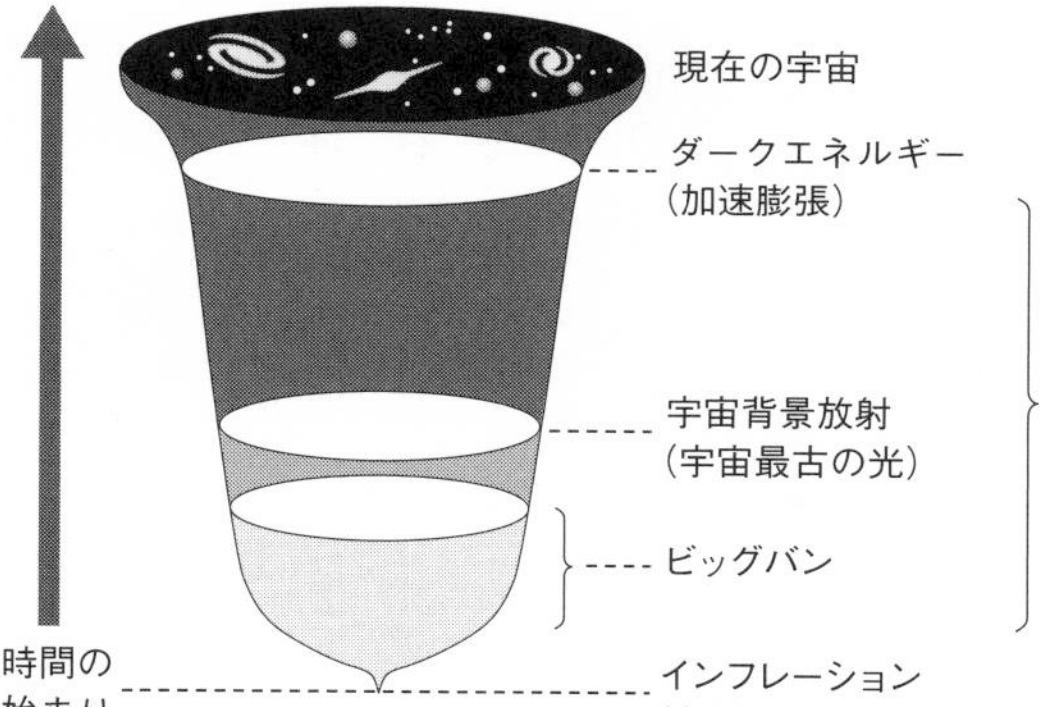

図8-4　インフレーションの急激な膨張
原子核が太陽系のサイズになるほどのすさまじい膨張

わめて短い時間に、空間を10の26乗倍にまで広げたともいわれています。これは、原子核のサイズのものが、一瞬で、太陽系の大きさになったのに相当する、ものすごい膨張です（図８－４）。

ところで量子力学では、素粒子の位置と速度に不確定性関係があり、どちらかが揺らいでいるという法則がありました。これに起因して、宇宙の最初にあったインフラトンの密度も平均値に対してプラス側とマイナス側に揺らいでいます。じつはこの密度の揺らぎが、さきほどお話しした「密度の種」になるのですが、このままの量子的なスケールでは、構造をつくることはできません。なぜなら、密度がつねに正と負で揺らいでいるので、結局、総量はゼロになってしまうからです。

ところが、インフレーションという〝魔法〟がここで功を奏します。猛烈な急膨張によって、量子的な密度揺らぎは宇宙の構造をつくれるサイズに一瞬で引き伸ばされるため、マイナス側に揺らいでゼロになるいとまもなく固定化されて、「密度の種」となるのです。

さっきから信じられない話の連続かと思いますが、驚くべきことに証拠もあります。宇宙空間には「宇宙背景放射」（CMB）といわれる光がいまも走っています。これは宇宙ができあがってから約38万年後に、それまで高温・高密度のため直進できなかった光が、宇宙が冷えたことで束縛が解けて初めてまっすぐ進むことができた、いわば「宇宙最古の光」です。そんな神話のような光がいまも地球に届いていること自体、驚きを隠せません。そしてこの光を観測すると、インフレーションのときに引き伸ばされた密度揺らぎの痕跡が確認できるのです。『旧約聖書』の「創世記」では、世界は「光あれ」という言葉で始まりますが、まさしく宇宙背景放射こそは、138億年という長い旅の果てに私たちに届いた最初の光なのです。

ただし、インフレーション宇宙が織りなすこうした現代の「創世記」には、光だけではなく、意外にも二つの〝暗黒キャラ〟が、重要な役割をはたしています。

その一つが、ダークマターです。じつは「密度の種」が広がるだけでは、宇宙に星や銀河などの構造はできません。構造をつくるには物質どうしがくっついて大きくなる必要がありますが、宇宙はビッグバン以後、膨張を続けているために物質どうしが離れていき、くっつくための重力が足りなくなってしまうのです。そこで「縁の下の力持ち」として存在感を発揮したのがダークマターです。前にも述べたように、宇宙には大量にダークマターがあります。それらはインフレーションのあと、互いの重力によってあちこちに集まって、固まりました。それをいわば土台として、水素やヘリウムなどがたまっていき、星や銀河が形成されたのです。

もう一つは、もちろんダークエネルギーです。宇宙はビッグバンのあと、急激に膨張したというイメージをもたれているかもしれませんが、じつはビッグバン後の膨張は、時間とともに速度が遅くなる減速膨張です。これは、宇宙の中に物質ができるとともに、その重力によって宇宙が広がる速度にもブレーキがかかるからです。しかし、ビッグバン前のインフレーションによる膨張は、話が別です。それは時間がたつほどに速度がどんどん速くなる、異常なまでに急激な加速膨張でした。だからこそ、さきほどお話ししたように、密度揺らぎも大きく引き伸ばされたわけです。この膨張を起こした粒子がインフラトンだろうといわれています。そしてダークエネルギーとは、こうした加速膨張を可能にするエネルギーだろうと考えられているのです。

「我々はどこから来たのか」というのは人間にとって普遍的で根源的な問いですが、このようにすべての起源をたどっていくと、ダークマターとダークエネルギーに必ず行き着きます。光だけでは、宇宙はできないのです。ダークエネルギーは第９章でアインシュタインとともに再び登場します。

これがインフレーション宇宙によって語られる「創世記」です。その後、観測されている事実の多くがこの予言を支持していることから、現在では、このモデルがほぼ定説と考えられるようになっています。

「神」に頼るしかないのか

では、新たな宇宙創成モデルの構築に情熱を燃やしたスタインハートとトゥロックの二人は、インフレーションのどこに疑問を感じたのでしょうか。

「インフレーションモデルの最も厄介な特徴」として彼らがあげたのが、「時間に始まりがある」という考え方でした。インフレーション以前には時間さえなかったとしたら、宇宙はどのようにして始まったというのか。それもわからないとしたら、科学者にいったい何ができるのか。天地創造の神への信仰にすべてをゆだねるしかないのか。彼らの思いは、深刻でした。

「神」との対峙ということでいえば、インフレーションは次のような問題もはらんでいます。量子力学では、揺らいでいる素粒子は、観測者が見ることではじめて状態が一つに定まる、つまり固定化されることは、これまでにお話ししました。ここで、不思議なことに思いあたります。インフレーションのあと、急激な膨張によって引き伸ばされた量子揺らぎが、そのまま固定化されたというのがさきほどの宇宙創成シナリオでしたが、まだ生物はおろか、星などの構造物さえない宇宙で、いったい誰が、この量子揺らぎを「観測」したのでしょうか？　誰も観測していないのなら、なぜ量子揺らぎは固定化したのでしょうか？　前にも少しふれましたが、これもインフレーションにつきまとう、じつに悩ましい問題です。

いまや人類は宗教的な価値観から脱して、科学だけを信じる時代になったように思えますが、私たち研究者もいまだに決定的なところで、神のような超越的存在をもちださなければ説明がつかないという局面に遭遇することがあります。そんなときは、科学と宗教のあいだの距離はそれほど大きくはないような気さえします。

思うに科学者とは多かれ少なかれ、「自然」という名の「法則」に潜んでいる、何か超越的なものの存在を信じている人種という気がします。神に祈るかわりに、日々、計算をしているのかもしれません。

スタインハートとトゥロックも、神に頼らない「創世記」をつくりあげるために、学問上のジェットコースターでのスリルと急降下を繰り返したと回想しています。そして、ついにインフレーションに代わる宇宙創成モデルとして、過激ともいえる新理論にたどりつくのです。その宇宙からは「始まり」と「終わり」が消えていました。

サイクリック宇宙の登場

2001年にスタインハートとトゥロックが提唱した「サイクリック宇宙」は、宇宙にはそもそもそも時間的な起点などはなく、収縮→衝突（ビッグバン）→膨張→収縮→……というサイクルを、何度も繰り返しているという奇抜なモデルです（図8-5）。

もっとも、宇宙には始まりも終わりもなく、循環が繰り返されているというアイデア自体は、その70年以上も前にあのアインシュタインも「振動宇宙モデル」として提案してはいました。彼らのモデルは、最新の超弦理論からブレーンの衝突を予言して、それをサイクルに組み込んだところに現代的な説得力があったのです。

このサイクルのなかで、やはり気になるのは「収縮」というプロセスでしょう。ビッグバンを知っている私たちは、宇宙の「膨張」という考え方には慣れましたが、宇宙が収縮するというのは、なかなかイメージしにくいものがあります。

しかし、そもそもなぜ、宇宙は膨張しかしないとされているのでしょうか？　なぜ、収縮してはいけないのでしょうか？

じつは、宇宙の膨張を表す方程式には、時間については正と負が存在し、それが膨張と収縮という二つの解に対応しています。そして、これらのどちらの解をとるべきかについては、方程式は何も語りません。ほかの方程式と同様に、時間の方向を定めてはいないのです。

ただ、さまざまな観測結果を見ると、宇宙が収縮していると考えると矛盾する事実が多く存在するので、「現在の宇宙は収縮している」などという宇宙研究者はほとんどいません。

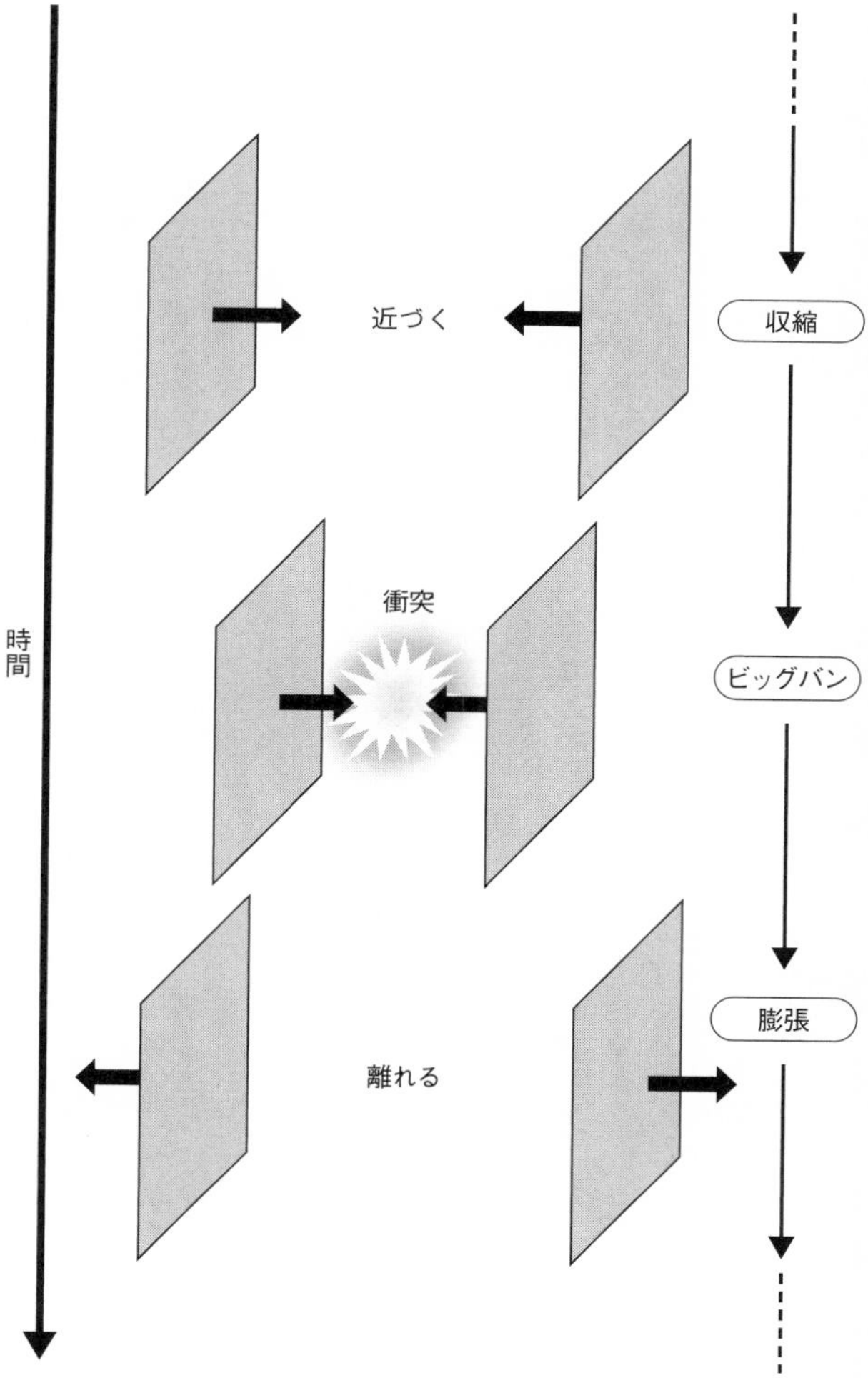

図8-5　サイクリック宇宙のイメージ
時間に「始まり」と「終わり」がない

しかし、それはあくまでも現在の宇宙についてです。ビッグバンの前の宇宙には、収縮が禁止されなければならない理由はありません。そしてサイクリック宇宙の順番では、ビッグバンの前が収縮です。そこで、ここからは想像をたくましくして、いま私たちが住む宇宙がこれから収縮に向かうとしたらどうなるかを、真面目に考えてみましょう。

もしも宇宙が収縮したら

繰り返しになりますが、宇宙の膨張を表す方程式では、収縮とは、時間が負に進むことに対応する解です。つまり宇宙が収縮するときは、まさに私たちが追い求めてきた「時間の逆戻り」が起こるのです！

思い浮かべてください。そこでは、床にこぼれ落ちたミルクが、コップに戻ります。同様に、すべての落下現象は、もとに戻ります。雨は下から上に向かい、野球のホームランボールは観客席から打者のバットを経て、投手のグローブに収まります。

宇宙全体の歴史も逆戻りします。月は、ばらばらになりながら地球に吸収され、直後に大爆発とともに地球から火星ほどの大きさの天体が生まれ、遠くへ去っていきます。惑星たちは、逆向きに自転・公転しながら、火星や地球はしだいに小さな岩石に分裂し、木星や土星はガスになり、天王星や海王星は氷の粒となって、すべてダークマターの縛りを脱して散り散りになり、消えていきます。やがて太陽は、ただの水素とヘリウムの塊となり、ガス星雲の中に埋没します。そしてついにダークマターも、ばらばらに分解されてしまいます。あとに残ったのは、原始の密度揺らぎだけです。こうして宇宙は、空っぽの状態に逆戻りします。

すると、次には私たちの宇宙は、高次元空間で隣のブレーンと衝突します。ビッグバンです。サイクリック宇宙では、それは収縮から膨張に転ずるターニングポイントであり、ここから再び正の時間を流れる宇宙の歴史がスタートします。密度揺らぎのまわりにダークマターが集まり、ガスが集まり、星ができ、銀河が形成され、やがて星のまわりに惑星ができて、海や生物が誕生し……みなさんもご存じの宇宙史、地球史へとつながっていくのです。

はたして宇宙は、このような歴史を何度も繰り返してきたのでしょうか。このモデルが正しいかどうかはともかく、再生と消滅の輪廻《りんね》を繰り返す宇宙とは、まるで仏教的な世界観です。生物の恒常性や、時間の正負のバランスという観点からも、意外にもしっくりくるシナリオのように感じるのは、私だけでしょうか。

ブレーンどうしの近づく、ぶつかる、離れる、また近づく、という動作の繰り返しも、何やら生物的な動きのようにも感じられます。「この宇宙は、ある大きな人の体内である」と考える信仰がありますが、ブレーンの動きはまさに心臓が鼓動を打っているようにも思えてくるのです。

この宇宙は50回目の宇宙？

一つ、面白い研究があります。収縮と膨張を繰り返すサイクリック宇宙では、エントロピーが1回のサイクルごとに蓄積されていき、次のサイクルではその分だけ、宇宙全体のエントロピーが増加する、というのです。これをもとに計算すると、現在の宇宙は、50回目くらいのサイクルにあたるのではないかと、日本の川合光らが提唱しています。

そうだとすると、あなたが悩んだ末にこれから決断しようとしていることは、じつは49回目の宇宙ですでに選択されたことなのかもしれません。これからとっていくどんな行動も、どんな感動や発見も、じつはすでに経験ずみのものばかりだとしたら……。

20年ほど前に、テレビのミステリーシリーズ『世にも奇妙な物語』で、「そして、くりかえす」というタイトルのエピソードを観たのを思い出します。

ある日、さんざんな目にあった男が「明日なんか来なけりゃいい」とつぶやきます。すると、その夜から、午前0時になると前の日の朝に時間が戻り、同じことがもう一度繰り返されるようになります。その男だけが、その日の記憶をもっているのです。最初のうちはこれ幸いと、競馬で大儲けしたり、その金で豪遊したりするのですが、やがて、言いしれぬ虚しさに襲われます。明日が来ないということが、いかにやりきれないことかと。

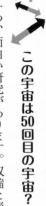

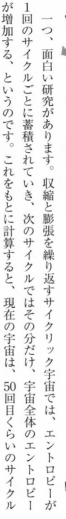

きっと不老不死の身になることができても、永遠に続く日々のなかで、似たような感情に苛《さいな》まれるのではないでしょうか。人間は、いずれ死ぬ日が来るからこそ、それに抗い、もがき、そこに欲望も、生きがいも生まれてくるのではないか、そんなことを思ってしまいます。

このドラマは、ラストも秀逸です。その日に何が起こるかはすべて歴史に組み込まれていて、一度決まったことは、どんなことをしても必ず起こります。タイムワープして過去に変更を加えても起こるのです。苦悩した男はついに死を考え、その前に、好きだった彼女に告白しようとします。ところが、彼女の頭上に建築資材の鉄板が落下してきたのを見て彼女をかばい、かわりに下敷きとなってしまいます。遠のく意識のなかで、目を閉じて、男はつぶやきます。

「これでよかったんだ」

次の瞬間、リリリー、リリリーという音が聞こえます。男が使っている目覚まし時計の音です。なんと男は、また同じ朝を迎えていました。彼は未来永劫、無限ループの中で、死ぬことさえできないのです。

もし、この宇宙が本当にサイクリック宇宙であるとしたら、前回の宇宙までの痕跡や記憶は、この宇宙のどこかに保存されているものなのでしょうか。この男の悲劇を見ると、そんなものは絶対にないほうがよいとも思えてくるのですが。

サイクリック宇宙の危機と復活

しかし、現実的にはサイクリック宇宙は、まだまだ発展途上のアイデアであり、クリアすべき問題がいくつも残されているようです。

たとえば、ビッグバンを起こすとされるブレーンの衝突は、じつはきわめて難解なトピックなのです。隣りあう2枚のブレーンどうしに働く力については、重力や電磁気力など、超弦理論の範囲で記述できるのですが、実際にブレーンどうしが近づいて衝突すると、予想できない問題が現れます。単独のブレーンなら、数学用語でいう線形の現象として扱うことができるのですが、2枚のブレーンがくっついた状態は、非線形といって、線形とはまったく違う予想が難しい現象になってしまうのです。これは「弦理論の非線形性」といわれている問題で、いまもなお未開の領域であり、難問と考えられています。

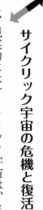

また、ブレーンはかぎりなく薄い膜とされていて、厚みがありません。すると、衝突によってエネルギーの発散が起こってしまうという問題があります。

このように、衝突という現象には多々、難題がつきまとうのですが、サイクリック宇宙モデルでは、このあたりについては比較的、厳密な計算よりもイメージで議論されているところがあります。そのことは私自身、以前にブレーンの衝突を簡単なモデルとして研究してみてわかりました。新たな宇宙モデルを構築するときには、ある部分はざっくりと単純化してしまうことが必要な場合も多いのです。

しかし、衝突問題のほかに観測的な事実からも、サイクリック宇宙の可能性は現状ではかなり否定的であることも述べておかなくてはなりません。それは、宇宙の構造の「種」となった密度揺らぎの生成にかかわることです。

２０１９年のノーベル物理学賞を受賞したピーブルスの研究テーマは、原始の密度揺らぎでした。彼は「宇宙最古の光」である宇宙背景放射を観測して、揺らぎについての理論の確立に大きな貢献をしたのです。その一つに「波数依存性」というものがあります。これは宇宙背景放射ではどの波長の成分が強いかを示すもので、従来は、波数によらない成分だけを比較して、波長の大きさは同じと思われていました。ところが、博士が波数依存性を考慮して観測した結果では、わずかながら赤い側、つまり波長が長い波の成分が強いことがわかったのです。光とは、観測者から遠ざかるにつれて赤い側が強くなるものです。これを「赤方偏移」といいます。博士が観測した事実は、宇宙背景放射の光が遠ざかっていること、すなわち宇宙が膨張していることを示すものであり、インフレーション説を強く支持するものです。

しかし、この観測事実はサイクリック宇宙にとっては逆風でした。宇宙に収縮期があるなら、そのときは青い側、つまり波長が短い波が強く出る「青方偏移」が見られるはずなのに、それがなかったからです。

こうした否定的な背景が以前からあることをうけて、サイクリック宇宙の別バージョンも提唱されています。２００７年にバウムとフランプトンは、ある特別な物質を導入することで、サイクリック宇宙が抱える問題を回避しました。

その奇妙な物質「ファントム」については、またのちほどくわしくお話しします。ここでは、この物質を宇宙に加えることで、サイクリック宇宙が再現される道筋が示されたことだけ覚えていてください。

この章では、ついに「時間の逆戻り」について、理論的に可能性がある話として議論することができました。私はちょっと、感動しています。みなさんはいかがでしょうか。

第9章 始まりなき時間を求めて

科学者は観測や実験によって得られた客観的な事実をもとに仮説を立て、自然界の現象を忠実に再現できるような理論モデルをつくっています。どんなに美しい仮説も、自然と合致していなければ幻想でしかありません。

しかしときには、科学者の思想のようなものが先にあって、それを再現するため、いわば主観的に立てられた仮説もあります。スタインハートとトゥロックがサイクリック宇宙を着想したきっかけは、なぜ時間には「始まり」があるのかという疑問でした。時間が始まる前は「無」だったとすると、宇宙がなぜできたのかを説明するには、万物の創造主である「神」のような存在を認めざるをえなくなることが、受け入れられなかったのです。

ビッグバン、あるいはインフレーションという考え方が登場して以来、物理学者たちは否応なく、時間や宇宙の始まりという問題と向き合わなくてはならなくなりました。なかでも私が敬愛してやまない二人のスターは、とりわけ先鋭的にこの問題に立ち向かったのです。

宇宙は静かでなければならない

アインシュタインは実験をしなかったことでも有名です。彼の実験場は、つねに彼の頭の中にありました。つまり思考実験です。彼の革命的な発見の多くは、ひらめきとともに、自然や宇宙はこうあるはずだという思想をも理論化して生まれたのです。

なかでも、特殊相対性理論に続いてつくりあげた一般相対性理論は、アインシュタイン自身が「わが人生で最良のアイデア」と自画自賛する会心作でした。それまでの空間や時間の概念を、根こそぎ変えてしまったのですからそれも当然でしょう。

しかし、彼はあることに気づき、深く悩みはじめます。この方程式を宇宙に応用して、宇宙という「器」の中に物質があると考えると、宇宙自体が物質の引力に引っ張られて、将来的に収縮してしまう可能性があるのです。彼は当時の常識として、宇宙は収縮も膨張もせず静止していると確信していました。これだけ革命的な思考の持ち主にしては不思議な気もしますが、宇宙が絶対的に静粛なる空間であることを信じて疑っていなかったのです。

彼はついに、自然現象とは関係なく勝手に、つまり人為的に、方程式に定数を導入することを決意します。ただし勝手にといっても、定数というものはある程度は自由に入れることが許されるので、けっして反則というわけではありません。こうしてアインシュタイン方程式が示す宇宙は、彼の望むとおりに静止しました。この定数を「宇宙項」といいます（図9－1）。

ところが、ルメートルという物理学者が、宇宙項の存在を知らずにアインシュタイン方程式を解いたところ、宇宙は膨張するという解になりました。すると、時間を逆戻りさせれば宇宙は小さな点になる！　そう考えたルメートルは、宇宙は高温で高密度の微小な粒子が爆発し、膨張してできたとする、のちに「ビッグバン」と呼ばれる膨張宇宙論を提唱するのです。

$$R_{\mu\nu} - \frac{1}{2} g_{\mu\nu} R + \boldsymbol{\Lambda g_{\mu\nu}} = \frac{8\pi G}{c^4} T_{\mu\nu}$$

図9-1　宇宙項が入ったアインシュタイン方程式
太字の項が宇宙項

それを知ったアインシュタインは、露骨に嫌悪感を示しました。その理由には、ルメートルがカトリック教会の神父であり、小さな粒子の爆発が『創世記』の「光あれ」を連想させたこともあるといわれています。キリスト教に強く反発していたアインシュタインは、宇宙に「始まり」があるという考えを断固として否定しました。

ところが、大事件が起こります。一般相対性理論の発表から14年後の1929年、イギリスの天文学者ハッブルは宇宙が膨張していることを観測します。それを受けてガモフがルメートルの膨張宇宙論を発展させ、眉唾ものとされていたビッグバンは本当にあった現象と考えられるようになったのです。

本書のテーマ「時間の逆戻り」が人生においても可能だったら……と思うことは私自身、少なくありませんが、それは天才アインシュタインも同じでした。あんな辻褄合わせをせず、方程式が示す動的な宇宙をちゃんと受け入れてその理由を考えていれば、ビッグバン理論も自分が発見できたのに――彼は宇宙項を入れたことを「わが生涯最大の過ち」と悔やみつづけました。

とはいえビッグバンまで発見していたら、もはやアインシュタインが「神」レベルになってしまいますが、彼の残念な気持ちは痛いほどよくわかります。

宇宙項ってやつは！

しかし、ここからが面白いところです。アインシュタインの宇宙項は、じつは失策ではありませんでした。それどころか、ノーベル賞ものの大発見だったのです。

彼が世を去ってから40年余りがたって、宇宙は加速膨張していることが発見されました。ふつうは宇宙にある物質の重力に引っ張られて膨張速度は減速するはずなのに、逆に加速していたのです。この異様な事態は、ダークエネルギーのしわざであると考えられています。インフレーションを引き起こしたものと同様の、宇宙最大の〝暗黒キャラ〟です。その後のくわしい観測によって、宇宙は「始まり」において急激に加速膨張（インフレーション）したあと、減速膨張に転じましたが、約40億年前から再び加速膨張を開始したこともわかりました。この加速膨張こそは「第二のインフレーション」とも呼ばれているもので、発見したパールムッターらには２０１１

年、ノーベル物理学賞が与えられました。

ところが、じつはこのダークエネルギーこそは、アインシュタインが方程式に挿入した宇宙項そのものだったのです。宇宙を静止させるために導入された宇宙項は、ビッグバン理論によって宇宙像が一変したことで、宇宙を加速膨張させるエネルギーとして約100年越しに再認識されることになりました。宇宙に「始まり」があることを忌避したアインシュタインは、結果として、みずからの手で「宇宙の始まり」の原動力を発見していたのです。さすがというべきか、皮肉というべきなのか。死後のアインシュタインにしてみれば、結果的に大発見をしていたことはうれしくても、あなたのつくる宇宙はやっぱり膨張するじゃないかと言われているようで、「宇宙項ってやつは俺をどれだけ振り回すんだ」と複雑な気持ちかもしれません。

さて、その宇宙項すなわちダークエネルギーですが、「力」という意味では、時空におよぼされるものなので、重力と同じといえます。しかし、重力には引力しかないのに、ダークエネルギーは宇宙を広げる外向きの力、すなわち斥力です。ということは、重力とは反対向きの「反重力」である可能性があります。反重力といえば、SFファンにとっては宇宙船の動力などでおなじみかもしれません。ドラえもんのタケコプターにも利用されているようですが、本当にそんな力があるかもしれないのです。

第7章でもふれましたが、自然界の四つの力のうち、重力を除く三つには引力と斥力があってバランスがとれています。重力だけが引力しかなく、このことが重力を特別な力とみなす理由の一つとなっています。ダークエネルギーは現在、重力における斥力、つまり反重力かもしれない唯一の例です。では、その正体は何なのか？　これは宇宙最大級の謎といえます。

なにしろダークエネルギーが宇宙全体の物質（エネルギーを含む）に占める割合は69％にもなるので、影響力は絶大です。これが宇宙を加速的に広げるため、宇宙の将来は空っぽな虚無であることが確実視されています。スペースアクションものなら、さしずめ悪の破壊神でしょう。

「宇宙を空っぽになんてさせるものか！　俺たちがこの宇宙を守ってみせる！」

世界中のヒーローがそう言って力を合わせて戦っても、地球人などは、宇宙の5％にも満たないバリオンしか使えないマイノリティー種族です。すでに破壊神は宇宙を掌握してしまっているので、残念ながら現状では勝負にもなりません。これからの地球人の物理学は間違いなく、この破壊神――ダークエネルギーの解明が、最重要テーマとなるでしょう。

古代インドの宇宙観では、人間は宇宙の中心である須弥山の上に住んでいて、山がある大地の下には3頭の象がいて、象の下には亀がいるという話をしました。いまの宇宙の全物質に占める割合にあてはめれば、ダークマターを亀とすると、ちょうどその3倍程度のダークエネルギーが3頭の象ということになります。地球人はまだ、正体不明なものの名前を亀や象からダークマターやダークエネルギーと言い換えただけです。観測によって、それらが「ある」ことはわかったもののそれが「なに」かは、皆目わからないのです。後世の人たちからみれば私たちも、象や亀がいる宇宙を考えた古代の人と、ほとんど変わりがないのかもしれません。

「真空エネルギー」の謎

重力が引力しかないという奇妙さは、ひょっとしたら、「時間の矢」と関係しているのかもしれません。たとえば電磁気力は、ご存じのように電気のプラスとマイナスをもっているので、引かれあったり、退けあったりします。一方で電磁気力は重力と非常に似たかたちをした方程式にしたがうので、アインシュタインもそこに魅力を感じて、重力の理論が完成した直後に、この二つが統一的に扱えるのではないかという発想に取りつかれました。しかし結果的には、なかなかうまくいかず徒労に終わります。その原因の根本にも、重力が引力だけしか示さないというアンバランスさがありました。

繰り返しますが、そのアインシュタインの後悔のもとになった宇宙項、すなわちダークエネルギーは、まさに重力の斥力かもしれないのです。

ダークエネルギーの正体について、現在、提案されている一つの可能性は、「真空」と呼ばれる空間はじつは何もない場所ではなく、つねに粒子と反粒子というものが対になって、消滅と生成を繰り返すことで、空間になんらかのエネルギーが蓄えられたというものです。

これを「真空エネルギー」といいます。

このエネルギーは確かにかたちのうえでは、アインシュタイン方程式における宇宙項のようなふるまいをするので、ダークエネルギーの有力候補と目されています。しかし、なかなか厄介な問題もあります。

素粒子物理学から予言される真空エネルギーのスケールと比べて、宇宙項はエネルギー値が小さすぎるのです。これを「宇宙項の小ささの問題」といいます。

もし宇宙項が真空エネルギーのような大きな値だとすると、その効果が宇宙で現れるのが早すぎてしまって、星などができる前に加速膨張が起こってしまいます。これでは宇宙に構造ができず、もちろん生命もできません。では、宇宙項として適切な大きさになるにはどれくらいのエネルギー値でなければならないかというと、じつに、あと120桁（！）も小さいことが求められるのです。これはちょっと普通ではない、不自然ともいえる小ささです。

宇宙項にこれほどまで「小ささ」が求められることについて、こんな考え方もあります。これは宇宙で星や生命が誕生するために、あえて設定された条件ではないか——。

え？　設定って、いったい誰が？　という話に当然なっていくわけですが、この続きについてはのちほど「人間原理」という話題になったときに議論しましょう。

ダークエネルギーとは何か。反重力は存在するのか。そうした謎の答えを知っている宇宙人をアキレスとすれば、地球人はまだようやくそれらを謎として認識しはじめたばかりの亀のようなものです。また、自然界ではほとんどのものが対称なのに、なぜか物理の基本アイテムには片方しかないように見えるものがあり、重力は引力のみ、ビッグバンは膨張のみ、エントロピーは増大のみ、反粒子はほとんど存在しません。これらについても、「時間の矢」と一括して説明できてしまう原理がすでに発見されている惑星は必ずあると思います。私たちも焦らず、少しでもアキレスに近づきたいものです。

ファントムが復活させたサイクリック宇宙

ところで前の章の最後に、サイクリック宇宙が観測的に否定されかけているという話をしました。宇宙背景放射をくわしく調べたところ、宇宙の収縮があったという証拠が見つからなかったからです。しかし2007年にバウムとフランプトンが、ファントムという物質を理論に取り入れることで、サイクリック宇宙を別のかたちで復活させたのでした。〝功労者〟となった物質は、ダークエネルギーとも関係が深いので、この章で紹介したほうがよいと思った次第です。

あらためていえば「ファントム」とは英語で「幻」とか「幽霊」といった意味です。いかにも暗黒の匂いがします。同じ名前のアメリカの戦闘機が有名ですが、それも「正体不明」といった意味からの命名のようです。

宇宙には、あらゆる物質やエネルギーの性質をほぼ見抜いてしまう「宇宙の状態方程式」というものがあります。物質やエネルギーの圧力（p）を密度（ρ《ロー》）で割って、比（w）を求めたもので、比の値wをみて、どんな性質なのか、見当をつけるのです。

たとえば私たちにとっては通常の物質であるバリオンは、$w=0$です。そしてじつは、宇宙第2位の暗黒キャラであるダークマターも、ほぼ同じ値なのです。宇宙の状態方程式から見ると、両者はほとんど変わらないということです。どちらも押せば、圧力がほんの少しだけ、押し返してきます。宇宙の物質としてはほかに、光はバリオンより強く押し返し、$w=1/3$です。

しかし、ダークエネルギーは根本的に異なっています。その値は$w=-1$と、マイナスになるので、力がはたらく向きが逆になるのです。押せば、そのまま凹んでいくという奇妙なイメージです。そして宇宙に対しては、引力とは逆に、外に広げて膨張させる斥力となるのです。つまり、この値は宇宙項を状態方程式に入れたときの解なのです。

では、ファントムはどうかといえば、$w<-1$です。ダークエネルギーよりもマイナス方向に大きい、つまり強い斥力らしいのです。そもそもそのようなものが自然界にあるのかという疑問もありますが、ときにはそうした常識にとらわれない奇抜な発想が、大きなブレイクスルーを生むことがあります。事実、ファントムは現在では、理論上は存在することが認められています。

バウムとフランプトンは、サイクリック宇宙にこのファントムを組み込んだ修正モデルを提唱したのです。その宇宙では、斥力が非常に強くなるので宇宙はさらに加速的に膨張します。そのスピードがあまりにも速いため、それまで宇宙膨張から切り離されて重力で束縛されていた銀河などの構造が、すべて崩壊してしまいます。時間がたってさらに膨張が速くなると、恒星や惑星も原子レベルに分解されていきます。最終的には、「強い力」による束縛にも宇宙膨張が打ち勝って、すべての物質は、最小構成要素である素粒子にまで分解されてしまうと考えられています。この破局的なシナリオは「ビッグリップ」と呼ばれています。

肝心なのはここからです。ファントム入りのサイクリック宇宙では、このビッグリップが起こる直前に、宇宙のある領域だけが部分的に切り取られます。そして、その宇宙の切れ端が、次の宇宙となり、インフレーションで加速膨張し、揺らぎから構造の「種」が生まれ……と、新たな歴史が始まるというのです。つまり、宇宙が終わる直前に一部がちぎれて、そこから新しい宇宙が生まれるというサイクルです。

元祖のサイクリック宇宙とは異なり、宇宙が収縮するプロセスは含まないので時間の逆戻りは起こりませんが、とても興味深い宇宙モデルです。これならば、スタインハートとトゥロックがめざした「時間の始まり」がない宇宙が実現されています。この宇宙モデルは、提唱者たちの名をとって「バウム＝フランプトンモデル」と呼ばれています。

このように物理学者の頭の中では、「もしこんな物質があったら？」という仮定が、さまざまに拡張されて、新たな可能性が日々、模索されています。いまはばかげた考え方に思えても、もしその物質が数百年後に発見されれば、大逆転ホームランになるかもしれないからです。その日のために、いろいろな可能性を真面目に探っておくことも、物理学者にとっては必要な思考の一つなのです。

ホーキングの「虚時間宇宙」

ここからは、みずからの思想を理論にしたもう一人の天才の話をします。彼がこの世に生を享《う》けたとき、すでにビッグバン理論は定説とされていて、彼が物理学者となったころ、インフレーション理論も提唱されていました。しかし「時間の始まり」を神にゆだねることをよしとしなかった彼は、やがて神を必要としない過激な宇宙創成モデルを考案するのです。

さて、宇宙が本当に膨張しているなら、時間を逆戻りさせると、最後は小さな一つの点になります。その点は大きさがゼロなので、密度が無限大になり、現在の物理学の枠組みではあらゆる理論が破綻してしまいます。これを「特異点」といいます。

そして、じつはブラックホールの中心にも特異点が存在していることを弱冠23歳で発見し、師のペンローズと「ブラックホールの特異点定理」を提唱したのが彼、ホーキングでした。

しかし、特異点定理は発見したもののホーキング自身は、ブラックホールのような特殊な場所でないかぎり、自然界に特異点は存在しないと考えていました。そのような物理学が扱えないものを認めることは、自然の解明をあきらめて「神」にひれ伏すことになると思ったからです。彼は徹底した無神論者としても知られていました。

この思想のもと、ホーキングは宇宙の始まりにおいても、特異点を排除したシナリオの構築をめざします。そこから生まれたのが虚数の時間が流れる「虚時間宇宙」というアイデアでした。

虚数とは、ご存じのように2乗するとマイナスになる数で、「i」という記号で書きます。余談ですが、私が早稲田大学の学生だったときの数学の教授が、「数学にはiがある」というジョークを持ちネタにしていました。「i」と「愛」をかけた、言ってしまえばたわいのないダジャレですが、真面目そうなその先生が情熱的に言うと、なぜか魅力的に感じられたものでした。

ホーキングは宇宙の始まりに「虚時間」を導入することで、特異点の発生を回避しようと試みました。第8章の図8-4で、インフレーションによって膨張する宇宙を示しましたが、簡単にいえば、宇宙の輪郭をかたどる2本の線は、時間を逆に戻すと接近して、やがてぶつかります。その部分が尖った点になってしまうことが、特異点が生じる原因です。

そこでホーキングは、この尖った点に丸みをつけてやればいいと考えました。時間の始まりを一点にせず、滑らかな球面でつないでしまおうというわけです。かつて地球が平らだと考えられていた時代は、地球には端があり、そこから落ちると恐れられていましたが、実際は球体であ

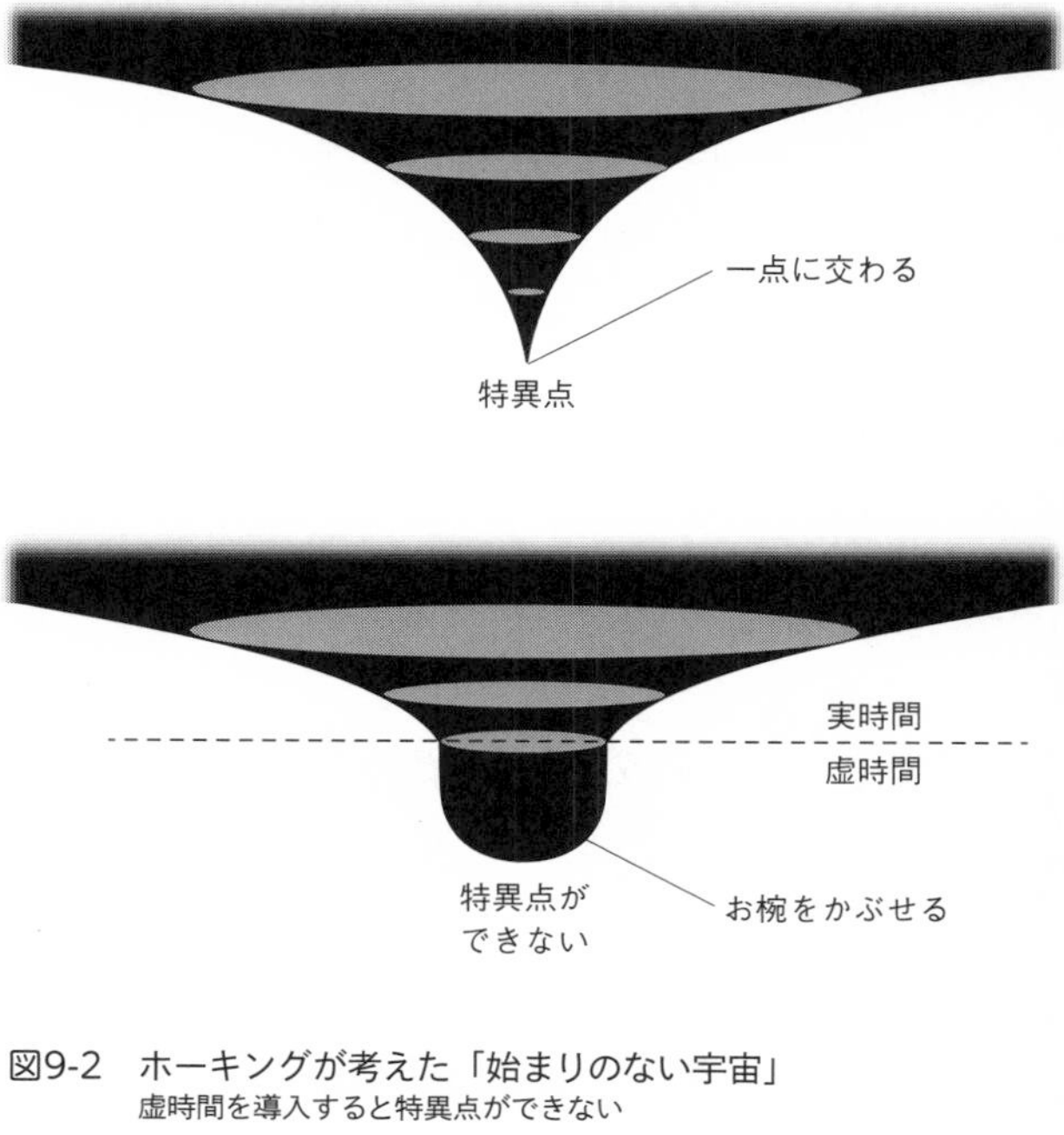

図9-2　ホーキングが考えた「始まりのない宇宙」
虚時間を導入すると特異点ができない

り、端は存在しません。同じように、半球形のお椀のようなものを、インフレーションの最初に接続してやれば、宇宙の端、つまり始まりをなくせると考えたのです（図9－2）。

しかし、なぜ虚時間を考えると宇宙の先端にお椀をくっつけることができるのでしょうか。以下に、もう少しくわしく説明してみます。

虚時間はなぜ特異点をなくすのか

虚時間をみなさんがイメージするのはなかなか難しいと思います。インフレーションが起こってある程度の大きさになった宇宙には、実時間（実数のいわゆる普通の時間）が流れています。しかし、インフレーションが起こるときのお椀のような宇宙には、虚時間が流れていると考えると、虚時間が流れるお椀の宇宙から、そのあとの実時間が流れる宇宙に切り替わるとき、方程式の解のかたちが勝手に変化してスムーズにつながるというのが概念的な説明です。

そういわれても、何のことやらではないかと思いますが、これが特異点なき宇宙創成を実現するための、ホーキングの画期的なアイデアだったのです。

次に、もう少し数学的な説明を試みますが、そこまでは求めていないという方は、なんとなく眺めていただければ十分です。

「ネイピア数」と呼ばれる、通常は「e」で表される数があります。e＝2・71828…と無限に続く、円周率πと同じ超越数に分類される数ですが、πよりもずいぶんマイナーで、私たちの日常では預金の複利計算などで見かけるくらいではないでしょうか。

しかし、自然界では「e」は重要な意味をもち、さまざまな方程式に顔を出しています。連続する時間を扱う微分積分でも貴重な存在となっていて、とくに「指数関数」と呼ばれるe^xというかたちをした関数（「エクスポネンシャルx」と読みます）は、微分や積分を何回しても、かたちが変わらないという有用な特長があります。

ここで、e^xのxが実数だとすると、e^xは、急速に大きくなるというふるまいをします。これは指数関数的な膨張ともいい、まさにインフレーションです。

一方で、xが虚数だとすると、e^xは振動します。振動は、数学的には三角関数で表されます。そう、サインコサインです。そして三角関数は、円を表現する関数でもあります。

つまりe^xは、xが実数なら、インフレーションによる宇宙膨張を表す解となり、xが虚数なら、円のような丸さを表す解となるのです。ということは、虚数部分と実数部分をつなげれば、先端にお椀をかぶせたかたちの宇宙が表現できるわけです。虚数か実数かをスイッチするだけでこのような二面性が現れるのは驚きで、そこに目をつけたホーキングは、やはり天才です。

こうしてホーキングは、彼がめざした特異点が存在しない宇宙の理論化に成功したのです。この宇宙モデルはホーキングの「無境界宇宙」とも呼ばれています。

では、虚時間という時間は本当に実在するのでしょうか。いまのところ、それを観測的に立証、あるいは確認するすべはありません。あくまで、数学的な手法の一つとして扱われることが多いようです。時間の始まりというテーマは深遠すぎて、物理学者でも手を出すのは恐れ多いと思いがちなので、なかなか進展しにくいというのが現状です。

しかし、宇宙創成というテーマに取り組んでいる研究者はもちろんいて、最近の研究の動向としては「インスタントン解」という宇宙の卵のようなものを導出することが考えられています。第8章のブレーンの説明のところで、物質やエネルギーが局在するソリトンの話をしましたが、インスタントン解はごくざっくりといえば、それに加えて時間も局在しているところです。解が一瞬で現れる、というイメージです。そこでは、じつはホーキングが考えた虚時間も導入されていて、そのような「卵」がきちんとインフレーション解へと成長するかどうかが、研究の焦点になっているのです。宇宙の卵を育てていくのが仕事なんて、壮大すぎますね。

もし人類が虚時間の実在を観測できる日がきたら、雲の上でホーキングは「それ見たことか」とばかりに、激しく目を動かして興奮を表すことでしょう。

ケンブリッジの思い出

私は2013年から3年間、イギリスのケンブリッジ大学に国費による研究留学生として派遣された、現地で研究生活を送らせてもらいました。応用数学・理論物理学科の所属で、理論宇宙論センターという部署に机をいただきました。そこの所長が、ホーキング博士でした。私の部屋はちょうど彼の部屋の真下にあたり、彼が乗る車いすの音が響いてくることもありました。

ご存じのとおり彼は、ＡＬＳ（筋萎縮性側索硬化症）という筋肉が徐々に動かなくなっていく難病を20代で突然、発症しました。普通に歩いていたら何もない場所で転んでしまうのです。くわしくは、映画『博士と彼女のセオリー』に彼の生涯（とくに恋愛）がドラマチックに描かれています。ケンブリッジの風景や雰囲気も味わえますので、ぜひどうぞ。

ケンブリッジ大学は、英語圏では最古のオックスフォード大学に次ぐ古い大学です。両校は切磋琢磨するライバルどうしで、春のボートレースはテムズ川の名物となっています。ケンブリッジが現在のような大学街となった背景には、迫害を逃れてオックスフォードから移住してきたキリスト教徒の学生たちの影響が大きく、街には古い教会や建物が数多く残っています。やがてここが、世間を離れて学問を究めるための場となっていきました。ケンブリッジ大学の創立は１２０９年のことで、日本では鎌倉時代です。私の家族が住むアパートの敷地内にも奇妙な塔が立っていましたが、なんと室町時代に建設されたものらしく、歴史の重みに圧倒されました。

日本の大学は当然のように独立したキャンパスがあって、そこに建物があって、という構えをしていますが、ケンブリッジは町全体がキャンパスのような造りになっています。キャンパスの中に、映画館やレストラン、デパート、公園などがあるようなものです。なにしろ広大ですから、大学関係者ではない人々も生活しています。大学の建物といえるのは「学寮」と訳される「カレッジ」で、それらが街中に分散しているイメージです。そうしたなかに、あのニュートンが木からリンゴが落ちるのを見て万有引力を発見したときに学んでいたトリニティーカレッジや、巨大なチャペルがあるキングスカレッジ（クリスマスには聖歌隊の合唱がＢＢＣで放送される）などの名所があります。世界大学ランキングで1位のハーバード大学は、ケンブリッジ大学の卒業生が創始者なので、そのスタイルは非常にケンブリッジの伝統を引き継いでいるともいわれています。

卒業生はほかにも、進化論のダーウィン、清教徒革命のクロムウェルなど、日本人にもなじみ深い人だけでも数えきれません。「時間の矢」を提唱したエディントンも卒業生です。ノーベル賞受賞者は１２０人で、これは現在、ハーバード大学に次いで世界第2位です。

街を歩くだけで偉大な先人の薫陶をうけられるような気がして、科学を志す者にとってはなんとも言えず幸福な場所です。私の大学時代の恩師である前田恵一先生（早稲田大学教授）も出張やサバティカルで足を運んでは楽しそうに研究していました。「たかみずくん、ケンブリッジはいいよお」との言葉がなぜか心に残り、自分も長期で留学するならこの大学だと思うようになりました。

前田先生はホーキングとも深い親交がありました。まだ自力で話せたときに会話をしていたようです。私が留学していたころは、動かせるのはすでに目だけで、パソコンを目でタイプして、音声は機械から出していました。しかし病気が進行しても、脳は筋肉ではないので動かせます。彼の思考は人間に可能な究極のところまで、純粋に考えることだけに特化していました。

彼は多くの名言をのこしましたが、そのなかにこのようなものがあります。

「私は死を恐れていないし、死に急いでいるわけでもない。その前にやりたいことは山ほどある」

彼の病気は、発病から10年以内に亡くなる確率が非常に高く、彼も通常なら40代までしか生きられない可能性も高かったので、死の影はつねに身近に感じられていたはずです。そうした過酷な状況にあっても、彼はやりたいことが山積みの、好奇心の塊でありつづけられたのです。好奇心こそ、生きるうえで最大の活力ではないかと私は思います。興味があることが多ければ、やりたいことも多くなり、それが生きる糧となるはずです。彼の好奇心はまさに、宇宙のように広大でした。それが彼を76歳という異例の長寿へと導いたのではないでしょうか。

そんな彼の、ちょっとブラックなジョークも一つ、紹介したいと思います。宇宙に地球のような知的生命のいる星がほかにもある可能性について質問されたときの答えです。

「この地球に知的生命と呼ぶに値するものなど存在するのか？」

私がケンブリッジで見た彼のエピソードのなかで、印象的なものをお話しします。

ある日、宇宙論業界にとって衝撃的なニュースが世界を駆けめぐりました。インフレーションの証拠となる重力波をアメリカのチームが初観測したというのです。すぐに理論宇宙論センターでも、名だたる教授陣がホーキングを囲み、学生スタッフも集まって、ライブビューで固唾《かたず》を飲んで、そのニュースに見入っていました。

やがて、肺も動かないのでポンプで呼吸をしているホーキングが立てるシュコシュコという音が、蒸気機関車のように速くなりました。シュシュシュシュ！　さらに、彼の目があらぬ言葉をタイプしたときにパソコンが発する機械音も「ピー！　ピー！」とけたたましく鳴りはじめました。それはもう騒々しいものでしたが、そのとき誰かがこう言いました。

「彼も興奮が抑えられないようだ！」

その言葉でみんながほほ笑んだのをいまでも覚えています。言葉の主はホーキングの一番弟子で、私の受け入れ教官でもあったシェラード教授でした。現在は、ホーキングなきあとの理論宇宙論センターの所長を引き継いでいます。

あのとき、ホーキングが興奮したのも無理もありません。その発表で支持されたインフレーションモデルは、彼が推奨していたモデルだったからです。「それ見たことか！」。きっと彼の頭の中では、そんな感情が子どものように高ぶっていたことでしょう。

第1章でも述べましたが、ホーキングは2018年の「πの日」にこの世を去りました。その直前、彼は1本の論文を書き終えていました。ハートグとの共同研究で、以下のタイトルでした。

「A Smooth Exit from Eternal Inflation?」（永久インフレーションからのスムーズな離脱？）

それは彼自身の無境界宇宙モデルを、数学的にさらに進化させる試みであり、「マルチバース」と呼ばれる無数の宇宙が誕生するシナリオと、「AdS／CFT対応」と呼ばれる最新のホログラフィック理論をも織り交ぜた、斬新な内容でした。

「宇宙はどのようにつくられたのか」

彼はその疑問を、最後までもちつづけていました。そして、自分が提唱した理論だけでなく、最新の理論をも最後まで吸収していました。その飽くなき意欲に、驚かされるばかりです。

「神」の答えを聞く数学者？

ケンブリッジ大学の話をしたついでに、本書のテーマからは脱線しますが、ぜひみなさんにも知っておいていただきたい天才数学者の話をしたいと思います。

その人の名は、ラマヌジャン（図9－3）。インド生まれで、アインシュタインより8歳年下です。彼の生涯を描いた『奇蹟がくれた数式』という映画がありますので、ご存じの方もいるかもしれません（この作品も、お勧めです！）。

図9-3　ラマヌジャン

彼の天才ぶりを私なりに端的に表現すると、アインシュタインの天才度が〝天才偏差値〟60とすれば、ラマヌジャンのそれは80を超えるでしょう。まさに異次元レベルなのです。

以下に、具体的にそのすごさを挙げます。

彼は数学者ですが、じつは数学をまったく知りません。基本的には神に祈ることで、答えだけが降ってきます。それはまるで、未来に行って教科書の答えを写してくるがごとくです。数そのものは好きなのですが、数学的な証明の手法を知りません。だから定理のようなものを神に教えられても、それが正しいかどうかを見きわめられません。

そこで彼は、ケンブリッジ大学の有名な先生たちに判定してもらおうと、神からの言葉を手紙に書いて送りつづけます。最初は誰も相手にしませんでしたが、ようやく、ハーディという教授が真剣に読んで、度《ど》胆《ぎも》を抜かれます。そこに書かれていたのは、これまでの数学の定理とはまったく異なる、にわかには信じがたい数式の羅列でした。

数学の公式にも、系統のようなものがあります。たとえばある変数を考えるとき、その一次式、二次式、三次式というように、これが出たらその応用で次にこれが出るといった流れです。

$$\frac{1}{\pi}=\frac{2\sqrt{2}}{99^2}\sum_{n=0}^{\infty}\frac{(4n)!}{n!^4}\frac{26390n+1103}{396^{4n}}$$

図9-4　ラマヌジャンの奇跡のπ公式
円周率を表現するにはあまりにも関係なさそうな数が並んでいる

定理どうしにもそうした関係づけができることがよくあります。グラフでいえば、最初の点を打つと、次に打つ点が見えてきて、さらにその直線上にもう一点が見えてくるといった具合です。そもそも人間の思考というものはそのように、系統立てながら、少しずつ前に進んでいくようにできているのではないでしょうか。

ところが、彼がひらめく数式は、これまでの系統からまったく外れた奇想天外な場所に突然、現れます。しかも、まず見当をつけるのではなく、正確な答えがいきなり描かれるのです。

そうした数式のなかで、代表的なものを一つ、掲げておきます。「ラマヌジャンの奇跡のπ公式」と呼ばれているものです（図９－４）。

ラマヌジャンの才能に驚愕したハーディは彼を大学に招聘《しょうへい》しますが、熱心なヒンズー教徒であったラマヌジャンは、ケンブリッジでも部屋でお香を焚いて、一心不乱に数式と向き合っては祈る日々を送ります。やがて、ヒンズーの神が彼に答えを告げると、それが世紀の大発見レベル。ハーディはとにかくそれを数学的に証明する作業に追われる、という二人三脚で、多くの数学的ツールが完成されたのです。まるで、未来からきた道具のように。

しかし、時代は第一次大戦下で、栄養失調によって体調を崩した彼は、療養所暮らしを強いられます。ある日、見舞いに訪れたハーディがなにげなく、いま乗ってきたタクシーのナンバーは「1729」だったと言い、「特徴のない数字だった」と続けると、ラマヌジャンはすぐさま、こう返したといいます。

「そんなことはありません。とても興味深い数字です」

なぜなら1729は、2通りの、二つの立方数の和で表せる最小の数だからだ、というのです。つまり、$1729 = 12^3 + 1^3 = 10^3 + 9^3$であり、このような形に書ける最小の数が1729であると、瞬時に気づいたのです。

ラマヌジャンの生涯は惜しくも、32歳という若さで幕を閉じました。彼の特異な才は、まさに宇宙人レベルだった気がします。それにしても、神に祈れば本当に答えを教えてくれるなら、私はすぐにでも真似したくなってしまいますが、アインシュタインやホーキングならどう思うのでしょうか。

第10章 生命の時間 人間の時間

ここまで、時間の「方向」「次元数」「大きさ」を手がかりにしながら、最新の研究成果を踏まえて時間が逆戻りする可能性を探ってきました。振り返ってみれば、けっこう遠くまできたように思っています。旅が始まったときと比べて、みなさんの考えは何か変わったか、気になるところです。

ところで、ここまでは私の本業である物理学から時間を考えてきましたが、第1章で述べたように、時間にはいろいろなカテゴリーがあります。生物学からみた時間や、認知学や心理学からみた時間などです。じつは時間の逆戻りを考えるうえでは、それらの視点も欠かせません。結局、「時間」を認識するのは生物である私たちにほかならないからです。どれもそれだけで一冊の本になりそうなほど大きなテーマですが、この章ではやや駆け足でそれらをみていきましょう。物理学の時間については、ゴールとなる次の章でもう一度、総括をします。

「星のエントロピー」は減少するか

まず、エントロピーというものについて、少し違う視点から考えてみます。これまでお話ししてきたように、「時間の矢」なるものが本当にあるとすれば、その本質は、宇宙の絶対法則であるエントロピー増大の法則、すなわち熱力学第二法則の不可逆性にあると考えられています。「時間」をテーマにした本の多くは、それ以上の議論はしていないと思いますが、あえてそこからさらに突っ込んでみたいのです。

最初に、エントロピーについて大事なことを一つ、お話ししておきます。

宇宙でできる構造でメインとなるのは、星（恒星）です。星は水素やヘリウムなどのガスが、重力で大量に固まって形成されます。それはランダムに運動していたガスが規則正しく一定の領域に閉じ込められることですから、エントロピーとしては減少することになります。つまり星ができるたびに、その領域ではエントロピーが減少するのです。

したがって、宇宙全体でもエントロピーはどんどん減少していることになるので、じつはあの絶対法則は間違っていたのです――もしそう言われたら、みなさんは信じてしまいませんか？じつはこれ、エントロピーについてのよくある誤解なのです。では、この考えのどこが間違っているのでしょう。

答えを言いましょう。エントロピーを考えるときは、「独立した系」でとらえなくてはならないのです。つまり、その系の外側との間で、物質やエネルギーなどのやりとりがないシステムということです。この場合では、まさに宇宙全体です。

星ができる領域では、たしかにエントロピーは減少しますが、その領域は独立しているわけではありません。外側の宇宙空間と接していて、さまざまなやりとりがあるからです。具体的にいえば、できたての星は非常に高温ですが、そのあと安定するためには、冷やされる過程が必要です。そのため、たとえば金属のようなゴミを宇宙空間に捨てて、熱を放出するのです。すると、そこでのエントロピーは増大します。つまり、星ができた領域でエントロピーが減るのは一時的なもので、そのあとにその領域から放出されるエントロピーが効いてきますので、合算すれば、宇宙全体という系では、やはり絶対法則のとおりエントロピーは増大しているのです。

「エントロピー増大の法則は間違っていた！　私は永久機関を発明した！」なんて言ってくる人には、くれぐれも引っかからないようにしてくださいね。

「生物のエントロピー」は減少するか

なぜこんな話をしたかというと、生物にとってのエントロピーを考えたいからです。第2章でも言いましたが、生物が生きて生命活動をしていると、生物の中のエントロピーは減少していきます。具体的には、生物がものを食べたり、呼吸をしたりするときに減少するのです。

太陽からの光エネルギーは、地球では、まず植物が光合成によって利用します。次にその植物を、動物が食べて体内に取り込み、身体やエネルギーをつくります。こうした一連の営みによって、動植物はみずからの身体に、「負のエントロピー」を摂取しています。

あるいは、植物が太陽のエネルギーから変換した酸素を、動物が呼吸して体内に取り込むことによっても、負のエントロピーを摂取したことになります。

こうした負のエントロピーという概念は、猫に気の毒な思考実験を考えた物理学者のシュレディンガーが『生命とは何か』という著書で初めて論じました。彼によれば、生命活動とは、エントロピーが増大しないように負のエントロピーを取り込んで維持することだというのです。

たしかにDNAやRNAなどの分子がみごとに秩序正しく構成されているのを見ても、生命がエントロピー減少＝整理された状態をキープするように活動していることは明らかです。私たちは食べ物から負のエントロピーを摂取し、それをもとにエネルギーを代謝して活動して、生物の特徴の一つである恒常性＝ホメオスタシスを保っていると考えてよさそうです。みなさんもこれからご飯を食べているときは、ああ、いまこうしてエントロピーを減少させているのだな、と思い出してみてください。

では生物という存在は、みずからのエントロピーを減少させることで、宇宙のエントロピーを多少なりとも減少させているのでしょうか。

ここで、さきほどの星のエントロピーを思い出してください。星は自身を冷やすために、金属などのゴミを放出し、それによって周囲のエントロピーは増えるので、宇宙全体という独立した系では、エントロピーは増大しているという話をしました。それは生物でも同じなのです。生物の場合は、便や汗といった排泄物が、秩序が乱れて散逸した正のエントロピーをもっています。生物は体内にこれらを溜め込んでいるとエントロピーは増えてしまいますので、生物はつねに排出しています。その量は膨大なものです。その分、生物の周辺ではエントロピーが増えますので、宇宙全体という独立した系の収支では、やはりエントロピーは増大するのです。

生物のこうしたエントロピーの出し入れが終わるのは、死を迎えたときです。生命活動が停止し、物質と同じ状態に戻ることで初めて、身体は朽ちて、エントロピー増大という「時間の矢」にしたがうようになるのです。

このように、宇宙全体ではやはりエントロピー増大の法則は破れないのですが、個体としてみた生物それ自体、つまりみなさんや私は、宇宙がもつ「時間の矢」と真逆の方向の「時間の矢」をもっていることは大変興味深い気がします。「生きる」とは、宇宙の時間の流れに抗いつづける行為ともいえるのです。

星は生物なのか

ここで少し、とりとめのない話をさせていただきます。みなさんは生物の定義とはどういうものか、ご存じですか。つまり、どのような条件をそろえていれば「生物」といえるのかということです。

これにはさまざまな議論もあるのですが、多くの生物学者のあいだでコンセンサスがとれているのは、次の三つではないかと思います。

（1）外界と仕切られている
（2）代謝を行う
（3）自分の複製をつくる

たとえば（1）は細胞膜によって実現されていますし、（2）は光合成や呼吸、摂食行動がそうです。（3）は生殖や遺伝というかたちでおこなわれています。

ところで私は、生物ではないはずなのに、これらの定義にあてはまるものがあるような気がしているのです。それは、星です。

（1）については、はっきりと外界と区別されている球体ですから、問うまでもないでしょう。

（2）は、星みずからが核融合して光を放ち、光がもつ圧力（放射圧といいます）によって、星の収縮が進みすぎないように自身の大きさやエントロピーを保つという、生物のホメオスタシスのような機能をもっています。これは生物にたとえれば、ちょっとグロテスクですが食べものが自分自身ということです。自分の腕や足を食べては再生し、を繰り返しているのです。

（3）についてはどうでしょうか。星は最後に、超新星爆発という死を迎えます。このとき大量のエネルギーを解放するので、エントロピーはケタ違いに増えます。星は死ぬことで宇宙全体に巨大なエントロピー増加という寄与を果たし、散り散りに引き裂かれるのです。この爆発では、星の内部にできた元素も、一気に宇宙空間に放出されます。その爆風の中で、散った元素からはより重い元素が生まれ、そこから新しい星がつくられ、私たちが住んでいる地球のような惑星もつくられるのです。これは星の複製、すなわち遺伝といってよいように思われます。

こう考えてみると、むしろ星が生物ではないといえる理由が見当たらないようにも思えてくるのは、私だけでしょうか。

もう少しだけ、思いつきの話をさせてください。生物を個体としてではなく、たとえば地球に棲んでいる生物全体で一つの塊としてとらえてみると、エントロピーはどうなるでしょう。最初にバクテリアのような単細胞生物から始まった生命は、その後、長時間にわたる「進化」というプロセスを経て、さまざまな種に分かれていきました。それはより多様化し、より複雑化する方向へ進んでいるといえますので、エントロピーとしては増大しているといえると思います。すると、個体としての「時間の矢」と、生物全体での「時間の矢」も、方向が真逆ということになるわけです。

人類の文明も、竪穴式住居のような簡単な家屋からスカイツリーへと建築物が進歩したり、十数人の寄り合いから近代的な議会をもつ国家へと社会集団が高度になったりすることを、エントロピーの観点からとらえて数値化したらどうなるでしょうか。きっと、戦国時代のような乱世ではエントロピーは高いでしょうが、江戸時代のような天下泰平の安定期では低いような気がします。どの要素を数値化するかは難しそうですが、こんな指標があっても面白そうですね。

生命に宿ったもう一つの「時間の矢」

さて、生物のエントロピーの話に戻りましょう。私が非常に興味深いと思っているのは、この宇宙を絶対的に支配しているかのような「時間の矢」と、生命——ここからは生物のことをより概念的な意味で生命といいます——がもっている「時間の矢」とが、逆行しているという自然のバランスの妙です。

生命活動はなぜ、エントロピー増大の法則に抗うのでしょう。それは、生命がそもそもどのように生まれたのかを考えると、少し合点がいきます。生命とは何かといわれると、さきほど挙げた三つの定義のほかに、「なんらかの目的をもって（通常は生存するために）行動する」こともあげられると思われます。自発的に合目的な行動をするかどうかは、生命かそうでないかを大きく分ける要素だからです。

およそ38億年前、原始的な地球環境で、ＲＮＡやＤＮＡ、さらにはアミノ酸、タンパク質といった生命の基礎部品が形成されました。一部の部品は宇宙でつくられたものが地球に飛来したのだとしても、それらがきちんと結合し、生命という完成品へと至るためには、きわめて確率の低いプロセスが起きないと実現できないでしょう。たとえばタンパク質は、アミノ酸が１００個以上も数珠のようにつながったポリペプチドという構造をとります。そこらへんにアミノ酸を置いておいたら偶然にそのように連なった、と考えるのは無理がある気がします。

　生命とは、因果律や熱力学といった物理法則にしたがうだけでは決して成立しえない、最終的にめざすある状態（＝目的）を、高い確率で実現させるという合目的性をもつ何かではないか、と思われるのです。そうした合目的性は、生命の部品となるアミノ酸やタンパク質がつくられる過程で、すでに実現されていたのではないでしょうか。そこにはすでにエントロピー増大の法則に抗うような、一見すると実現不可能な状態ができあがっていて、それが、生命が合目的性をもっていることの根本的な原因になったのではないでしょうか。宇宙の絶対法則に抗って、ある状態を高確率で何度も再現できるように形成されたからこそ、それが生命たりえたのです。

　何が言いたいかというと、生命がエントロピー増大の法則に反して局所的に示すエントロピー減少は、生命ができてみたら結果的にそうなっていたのではなく、生命が形成されるより前に、宇宙の「時間の矢」に逆行するもう一つの「時間の矢」があって、それが生命をつくりだしてその中に宿り、みずからの存在証明として生命を存続させているのではないか、という気がしてならないのです。その、もう一つの「時間の矢」がどのようなものかは、見当もつきませんが。

　しかし、「時間の矢」の中からもう一つの逆行する「時間の矢」が生まれるという現象でいえば、私たちは第5章で、レソビク博士の量子コンピュータでの実験の例をみました。そこではエントロピー増大の法則に反し、「マクスウェルの悪魔」が復活してもう一つの「時間の矢」を生

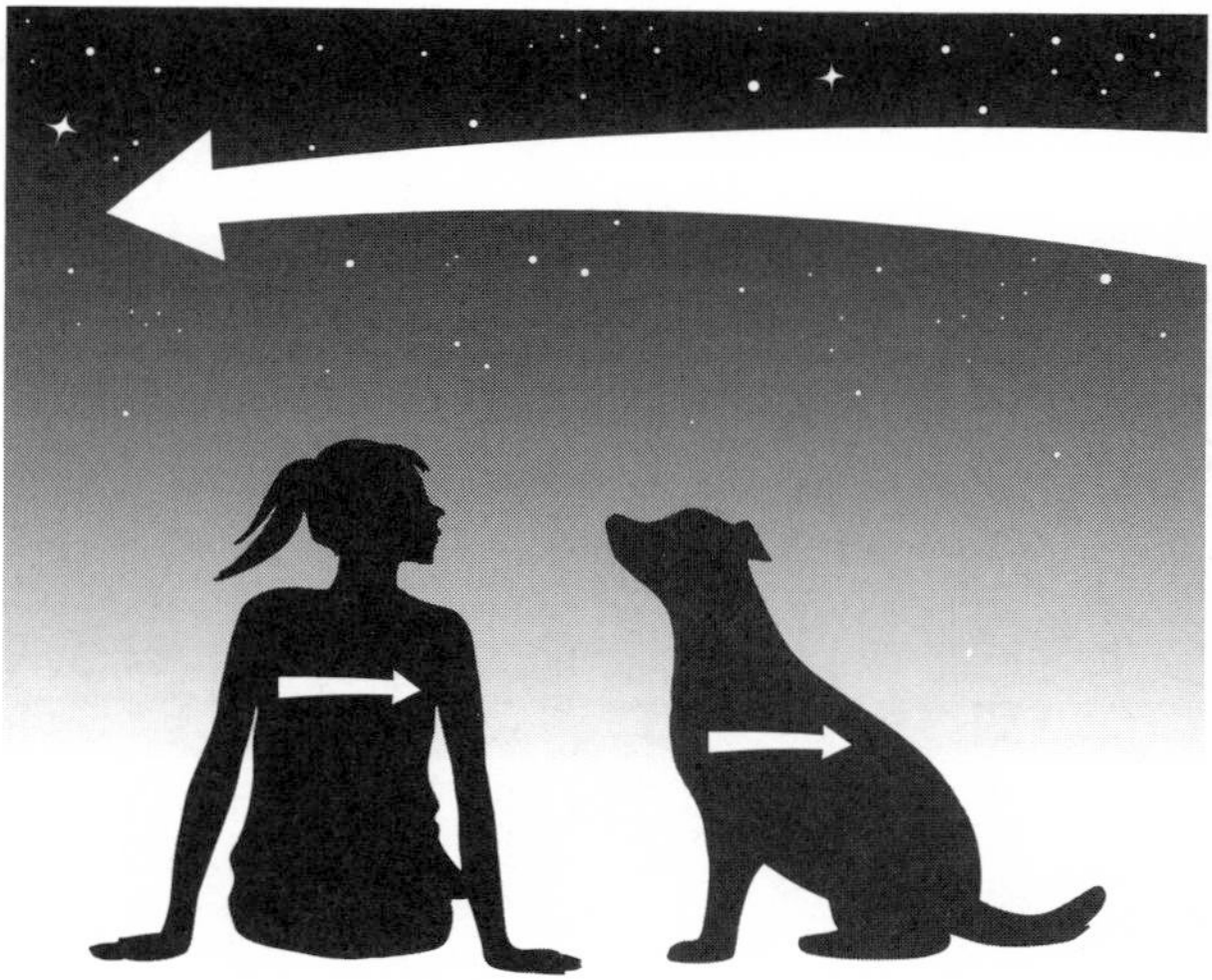

図10-1　私たちは宇宙とは真逆の「時間の矢」をもっている

んだように見えました。もしも生命の誕生にも、このような量子力学での時間の逆戻りが関係していたなら、大変興味深いことです。なぜ五炭糖、リン酸、塩基の三つは手を取りあってヌクレオチドとなり、なぜそれらは螺旋状に連なりDNAとなったのか。こうした明らかにエントロピー増大の法則に反する形状がつくられた背景に「悪魔」の存在があるとしたら？　想像は止まりません。

さらに想像をたくましくしてみます。もしも宇宙の「時間の矢」と、それに逆行して生命に宿る「時間の矢」とのバランスが、じつは自然界において本質的な関係であるとすれば、かりに宇宙の「時間の矢」が何かの理由で逆向きになると、生命の

「時間の矢」も逆向きになります。すると、どのようなことになるのでしょうか。

その世界では、地球全土に散らばった人類はやがて、逆にアフリカをめざして移動していくでしょう。それを目の当たりにしても、誰も歴史が逆戻りしているとは夢にも思わずに。

そして、その世界では、エントロピーが局所的に増大して、どんどんランダムな状態へと変化していきます。それは文明の破壊を引き起こし、やがては私たちの身体までも、崩れに崩れていくでしょう。そしてすべて空っぽの、虚無のような状態に向かっていくのではないでしょうか。全地球的な砂漠化です。

さらに地球は、どろどろの状態に戻り、やがて太陽と一体となって、大きな円盤状の雲のような状態になります。渦巻き型にまとまっていた銀河も、どんどん細かく分かれて拡散していきます。最終的には、原始揺らぎである量子の「種」に帰するのかもしれません。

もしもこんなシナリオになるのだとしたら、時間の逆戻りなんか、おいそれと起こってもらっては困りますね。

「認識」としての時間

次に、認知学あるいは心理学からみた時間の話をします。なんといっても、「時間」というものの存在を感じているのは私たち人間です。客観的に時間というものが存在しているかどうかは別として、人間は時間が存在すると「認識」しているわけですから、そこに時間は存在すると考えても間違ってはいないように思われます。デカルトの「我思う、故に我在り」を思い出す、哲学的な物言いにはなってしまいますが。

第7章で紹介したループ量子重力理論の提唱者ロヴェッリも、物理学的な時間は存在しないとしながらも、人間が認識する時間については以下のように述べています。

人間の認識は、脳において行われ、それはつねに記憶と連動している。そして記憶とは、中枢神経系におけるシナプスの結合と消滅という物理的なプロセスによって、過去に経験した事象についての知覚が貯蔵されたものである。脳がそれをベースに思考するというシステムをとっている以上、認識には、そもそも時間的な非対称性が必然的にともなっている。そしてそこに、時間が一方向に流れていると錯覚させる原因があるのではないか。時間とは、事象と事象を脳が勝手に、一連の連続的な流れで解釈しようとする錯覚から生まれているのではないかというのです。

すると、「時間の矢」というものも、じつは人間の脳がつくりだした幻想にすぎないのでしょうか。もちろん誰しも、脳の構造にしたがった思考しかできないので知りようがありませんが。

かりにいま、いろいろなことが本当は、未来から過去へという順番で起こっているのだとしても、みんながそれを逆だと思わなければ、正であることになります。「時間の矢」の正しい方向を決める客観的な基準があるわけではないので、判断のしようがないのです。

たとえば、下から上へ昇るエスカレーターに、進行方向に対して後ろ向きに乗っているところを想像してみてください。隣には、上から下に降りるエスカレーターがあります。通常は隣の人とは正面からすれ違いますが、こうして乗ると、隣の人はあなたの背後から追い越して下り方向へどんどん遠ざかっていき、あなただけが逆に上へ上へと昇っていくことになります。それは、あなたには自分だけが時間を逆戻りしているように感じられるかもしれません（実際に試すのは危険ですので、あくまでイメージするだけにしてください）。でも、もちろん実際にはそんなことはなく、通常とは違う動きをしているためにそう感じているだけです。

「いつもと違う」「みんなと違う」ときに時間が逆戻りしていると錯覚する程度しか、人間は時間の流れを認識できないのです。

時間の「連続性」も幻か

ＮＨＫの『脳と心』という番組を観ていたら、興味深い症例をもった患者が紹介されていました。彼女は脳のある部分が欠損しているために、現象を連続的な流れとして認識することができないのです。たとえば、２台の車が近づく、衝突する、事故が起きる、といった事象を、一瞬だけ現れるピクチャーの一枚一枚のように、無関係なものとして認識してしまうのです。そして、運動の連続性が認識できないために、その運動に付随した時間の連続性も、認識できないと考えられるようです。一例としては、彼女は空のコップに水を注ぎつづけても、水があふれることが予想できないそうです。

私たちは自分が純粋に知性だけで思考をしていると思いがちですが、実際には思考など、脳という物理的な機能なしには成立しない、つねに体に依存的なものでしかないのかもしれません。そして「時間の矢」もそのような思考から生みだされているにすぎないのかもしれません。

人間以外の生物が感じる時間の連続性についても、面白い研究があります。

カタツムリの目の前で、木の棒を出したり引っ込めたりしてみるとします。このとき、1秒間に3、4回の頻度で出すと、カタツムリには木の棒がずっとそこにありつづけているように見えるらしく、その棒を上ろうとする動きを始めるのです。このような、連続的な変化が認識できなくなる変化の頻度を「臨界融合頻度」といいます。

臨界融合頻度は、1秒間に人間では60回、鳩では150回、ハチは300回と、生物によってかなり異なるようです。何かを見て感じる「連続性」とは、つまりは頻度が限界を超えたときにその生物にとって感じられるものであり、いわば脳のシステム上の限界が起こす幻のようなものにすぎないのです。すると、「時間の流れ」とともに、「時間の連続性」も、やはり脳というシステムに依存しているにすぎないかもしれません。

この本の担当編集者の山岸さんと話していたときに聞いたのですが、将棋の羽生善治九段は、対局中にミスをしても、そのことをさっぱりと忘れて、いま目の前にある局面を先入観なしに新しくとらえなおすという思考ができるそうです。通常、棋士はミスをした後悔を引きずって、そのためさらに現在での判断を誤ってしまいがちなのですが、彼は現在の局面を、過去と切り離してまったく不連続なものとしてとらえることができるのです。そのことが、常人では思いもつかないような自由な発想の手を繰りだせる源泉になっているということです。連続性の幻に引きずられないという意味で、まさに脳の機能を超えた思考の持ち主ですね。すばらしい。

物理の世界での話として、ループ量子重力理論では、時間は不連続でした。もちろん、そのことと、いまここでしている連続性の話とが直接つながるわけではありませんが、ロヴェッリの言うようにじつは本当に時間が不連続で、それゆえに時間は幻想なのだとすると、物理学と認知学の意外なつながりに深い興味をおぼえます。

「未来の記憶」にとらわれた人たち

ところで、いうまでもありませんが、私たちの脳には「未来」についての記憶は一切ありません。保存されているのは過去の記憶だけです。私たちは未来を思い描くとき、過去の記憶を参照し、現在について認識しながら、前頭葉を用いて想像力を駆使して、想像するのです。

しかし、もしも未来の記憶ともいえる情報が、じつは脳のどこかに眠っていて、私たちが未来を知らないのはそこにアクセスできないからにすぎないとしたらどうでしょうか？

一種の予知夢のように、これから起こることの結末が、すでに脳では「経験ずみの記憶」として刻まれていて、私たち人類はそれを引き出す能力を失っているにすぎないとしたら？

またまた突拍子もない思いつきですが、想像するのは自由ですから、信憑性《しんぴょうせい》は気にせずにちょっと以下の話を楽しんでいただけたら幸いです。


かつてホモ・サピエンスとともに共存していた、ネアンデルタール人と呼ばれる「人類」がいました。人類はいまでこそ私たちホモ・サピエンスだけですが、かつてはさまざまな種類が存在していたのです。なかでもネアンデルタール人の脳は、過去の人類のなかで最も大きかったといわれています。私たちの脳が最大ではなかったのです。

ただし、脳の大きさは、必ずしも知能指数と相関をもっているわけではないようです。ホモ・サピエンスの特徴は、おでこ、つまり前頭葉の発達です。人間特有の思考や、創造をつかさどっている場所です。前頭葉が発達したホモ・サピエンスが道具に工夫を重ね、より複雑なものをつくりだしていったのに対して、ネアンデルタール人は既存の道具を正確に真似してつくっていたようです。これらの差も、かたや2万数千年前に絶滅し、かたや地球の王者になるという明暗を分けた原因かもしれませんが、少なくともネアンデルタール人の思考法や記憶のしかたが、私たちと大きく異なっていたことはたしかでしょう。

では、私たちより脳が大きかったネアンデルタール人は、どのような能力に秀でていたのでしょうか？　そこで、さっきの思いつきをあてはめてみます。彼らは脳が大きい分、記憶の容量が私たちよりも大きく、そこに「未来の記憶」も保持されていたのではないでしょうか——なんて突飛なことを考えてしまうのも、発達した前頭葉の賜物です（笑）。

彼らは「絶滅」という事態を、すでに未来で経験していたのかもしれません。この宇宙がもしサイクリック宇宙であれば、同じ歴史を何度も繰り返すという状況はありうることです。彼らの巨大な脳のどこかに、何度も繰り返した記憶が潜んでいたとしたら、そして、そのために、回避できない未来を受け入れてしまい、消極的な生き方をしていたのだとしたら——そんなふうに私は想像してしまうのです。

対照的にホモ・サピエンスは、未来を恐れなかったことが特徴といえます。最近の研究では、私たちが生き残り、繁栄できたのは、祖先たちが生命の危険をもかえりみずに荒海に小舟で漕ぎ出して、生息域を広げていったことが大きかったという考えも提唱されているようです。未来の記憶にとらわれていたら、絶対にできないチャレンジでしょう。

この章では、生命や認識と時間とのかかわりについてみていきましたが、思わず、かなり自由に筆を走らせてしまいました。がっちりした物理の話が続いたあとの清涼剤と思っていただければ幸いです。次の章が、いよいよ旅のフィナーレです。

第11章 誰が宇宙を見たのか

——このように時間が逆戻りする世界があると言ったら、とんでもない嘘つき、あるいはSFか、スピリチュアルなお話としか思われないでしょう。

「はじめに」で、私はそう書きました。読んだみなさんも、おそらく自然にそう思われたでしょう。では、ここまで旅をしてきて、いまもう一度これを読んで、どう思われるでしょうか。

いや、そこまでは言えないんじゃ？　と、もし思っていただけていたら、私はステージの上で「イエーイ！」と叫んでジャンプしたい気持ちです。だって、この本を読んでいただいたことで、「時間」についての考えが少しだけでも変わったのですから、書き手としてこんな喜びはありません。

時間が逆戻りする可能性について、お決まりのエントロピーでお茶を濁さず、認識論で煙に巻いたりもせず、けっこう正攻法の物理でここまで追いかけてきたつもりです。みなさんもよくついてきてくださいました。最後は、まだふれられていない時間のトピックを紹介しつつ、これまでみてきたことを整理して、みなさんが誰かにこう話しかけやすいようにしたいと思います。

「ねえ、時間って逆戻りするかもしれないんだって！」

二つのシナリオ

これまでの旅を振り返ってあらためて考えてみると、時間の逆戻りが本当に起こるとしたら、それには二つのシナリオが考えられそうです。

一つは、ミクロの量子世界で起こる時間の逆戻り。

もう一つは、マクロの巨視的スケールで起こる時間の逆戻りです。

ミクロのほうは、たびたび言及していますが、量子コンピュータによる実験でエントロピーの減少が観測され、「マクスウェルの悪魔が復活した」といわれた例をみました。もし量子世界でこのような時間の逆戻りが起こるとしたら、その理由は根本的には、時間とエネルギーのどちらかが確定するとどちらかが確定しなくなる、奇妙な不確定性関係にあると考えられます。

素粒子を個々に見れば時間が逆戻りしているものもあるけれど、多くの素粒子が集まりマクロの系になると、個々の逆戻りの効果は統計的に無視されてしまって、結果として時間は一方向にしか現れない——時間の逆戻りについては、そんな二面性のある描像がしっくりくるように私には思われます。そして、そんなかたちでのミクロの逆戻りは、実際に起こっていると私は思っています。自然界で「時間の矢」だけが一つの方向にしか進まないというのは不自然だし、とても考えにくいからです。

さらに、第7章でロヴェッリの「時間は存在しない」という考えを紹介したように、これから量子重力理論の研究が進むことで「時間」というものの概念そのものが、ミクロの世界から見直されていく可能性があります。

これらの研究の進展は本当に楽しみです。やがては、素粒子と重力を統一的に扱う道筋が必ず見えてくると私は信じています。そしてその先には、これまでの時間の概念が根本からくつがえされる状況が、人類の前にきっと現れてくるはずです。

ではもう一つの、マクロな時間の逆戻りはどのようなシナリオになるでしょうか。

地面から浮き上がって空をめざすリンゴは決して観測されないように、ある一つの巨視的な物体だけが、時間を逆向きに進むということはありえないと思われます。もしもマクロで時間が逆戻りする可能性があるとすれば、それは、

——すべての巨視的物体が逆向きの時間を進んでいるが、そのことを認識できていない——

という、SFのような状況だろうと私は考えます。

私たちが未知のものだと思っている「未来」を、私たちはすでに経験していて、現在からその方向へ向かうのは、経験ずみの世界に戻っていることにほかならないという、第8章でみたサイクリック宇宙での、宇宙の収縮のような状況です。私たちがそう感じられないのは、第10章でみたように私たちの脳は「過去」をベースとしてしかものごとを認識できないからです。

実際に宇宙が収縮しているかについては、現在の観測では否定的な見方があるという話をしました。しかし、宇宙が始まってからずっと膨張しかしていないとしたら私は、「時間の矢」が一方向にしか進まないことと同じ不自然さを感じてしまうのです。なぜこの宇宙はミクロで高温の

状態から膨張して始まったのでしょうか。マクロで低温の状態から収縮して始まる宇宙でもよかったはずです。

　そこには、重力が引力しかないことや、その反対に真空エネルギーやダークエネルギーといった斥力だけのエネルギーがあることも関係してきそうな気がします。

　二つのシナリオについての総論は、ひとまずこれくらいにしておきます。

ファインマン図が暗示する時間の逆戻り

　ここからは、まず、これまでに紹介できなかった時間にまつわるトピックを、ミクロとマクロに分けてご紹介します。ではミクロからいきましょう。

　アメリカの物理学者ファインマンの名は、知っている人も多いと思います。大変魅力的な人物で、朝永振一郎と同年にノーベル物理学賞に輝いた実績だけでなく、著書『ファインマン物理学』シリーズは、非常に独創的な内容で、質の高い科学の啓蒙書となっています。彼はそのなかで、こんなことを言っています。

「その物理の原理が本当に理解できたなら、子どもにもわかる簡単な説明が可能なはずである」

　いやー、なかなか言えることではありませんが、そんなファインマン先生が考案した、素粒子の相互作用を示すファインマン図というものがあり（図11－1）、それがまさに有言実行、じつに簡潔明瞭で、ルールさえ覚えてしまえば子どもでも図をいじりながら、素粒子の力を理解できるようにできています。素粒子の現象がすべて、こんな落書きのような記号で説明できてしまうなんて、さすがです。いまファインマンが生きていたら、難解なループ量子重力理論も、簡単な図ですっきり説明してくれるかもしれません。

さて、ファインマン図では、粒子とともに、電荷（プラスとマイナス）が逆の反粒子が存在することを想定しています。これは電子でいえば、電荷が逆になった陽電子に当たります。反粒子は時間を負の方向に進みます。すると、電子が正の時間を進むふるまいは、陽電子が負の時間を進むふるまいと見ることも可能です。つまり、ファインマン図では時間の逆戻りは起こりえるということです。

ただし、後者ではエネルギーも負になっています。するとシステムが安定しにくいので、ファインマン図では実現可能でも、実際には不安定になって消えてしまう場合もあるでしょう。

しかし、ここで強調したいのは、このような素粒子の相互作用を示すファインマン図においても、時間を負の方向に進む粒子というものは、しばしば現れるという事実です。

量子世界では、エネルギーと時間に不確定性関係があることは繰り返しお話ししました。いま述べたように、負のエネルギーの粒子が時間を逆戻りするのも、この関係に起因しているということができます。通常の分子はエネルギーが正なので、時間も正に進む。しかし、素粒子の世界

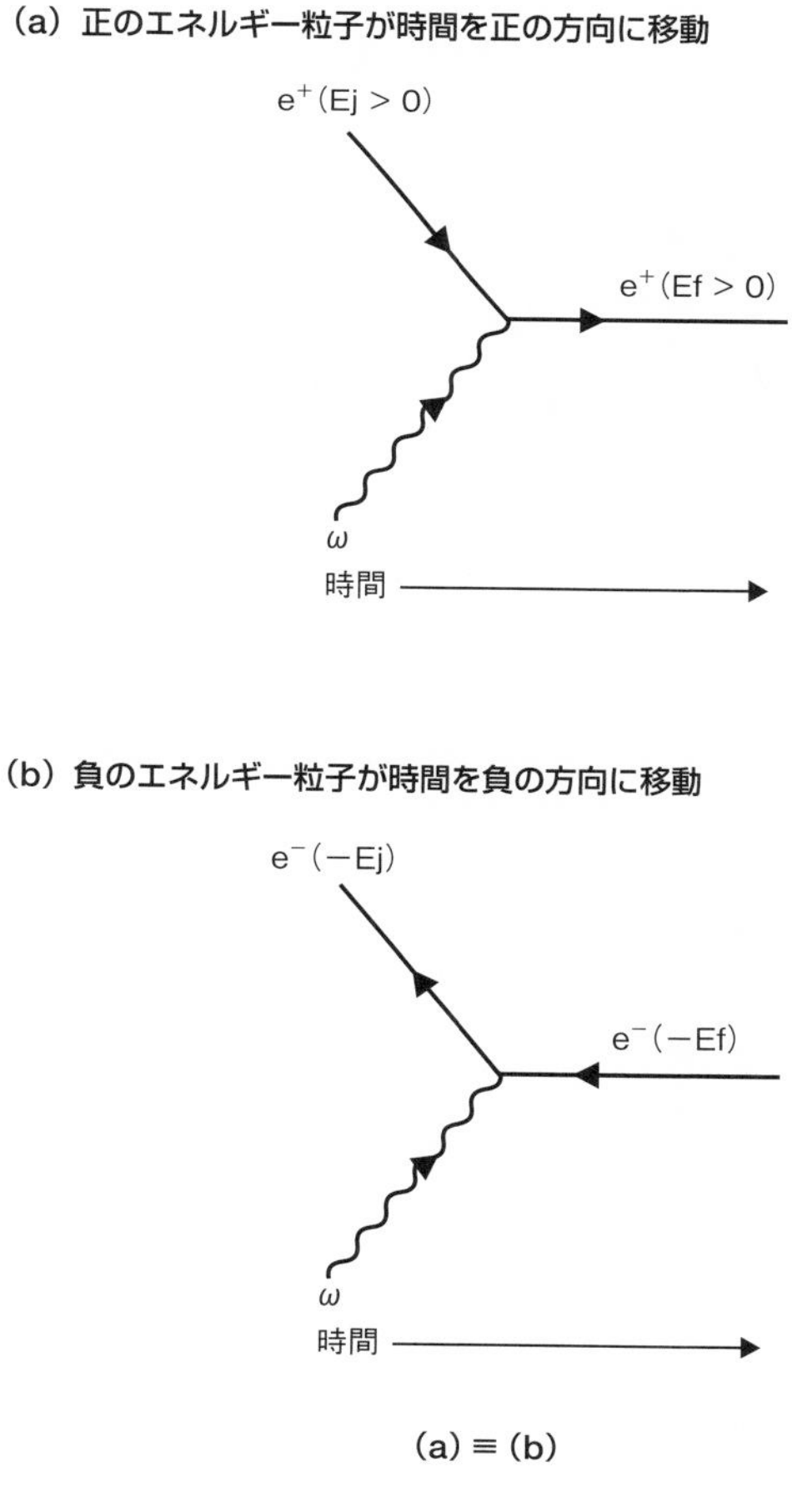

図11-1　ファインマン図
直線は電子などのエネルギー粒子の動き、波線は光子などの力の粒子の動きを示す。この図は電子あるいは陽電子が光子と反応して進路を変えたことを表している

では負のエネルギーをもつ奇妙な粒子も存在し、それは時間を負に進むのです。

ファインマン図が示すこの事実に反論することは、図があまりにもシンプルなだけに、なかなか難しいのではないかという気がしています。

タキオンは時間を逆戻りするか

もう一つ、ミクロの世界での時間の逆戻りの問題として、「タキオン」と呼ばれる粒子について考えてみます。その名前は、往年の『スタートレック』『宇宙戦艦ヤマト』などのSF作品でもしばしば聞かれましたので、耳にするだけで「懐かしい！」と声をあげる方もいるほどです。

タキオンとは仮想の特殊粒子で、光速度を相対性理論に矛盾せずに超えることができるとされています。合法的にジャイアンを追い越せるというわけです。そういえば『ドラえもん』の道具にも、「タイムふろしき」という、かぶせると時間が逆行する風呂敷があって、内部からタキオンエネルギーが出ているという設定でした。

さて、ここでちょっと数式を出すことをお許しください。第3章で、超高速で走ることができる正義のヒーロー、フラッシュに登場してもらって、彼が走ると彼のまわりでは時間がどれだけ遅れるかを計算できる方程式を紹介しました。この式です。

$$\Delta T = \Delta t\sqrt{1-(v/c)^2}$$

この式を、質量に注目した式に換えて、次のように書くこともできます。mは静止している物体の質量、Mは超高速で移動する物体の質量です。いわばフラッシュが超高速で走ったときの体重の変化を表す式です。

$$M = m/\sqrt{1-(v/c)^2}$$

フラッシュが速度vをどんどん上げて光速度cに近づいていくと、$(v/c)^2$はどんどん1に近づきます。すると、ルートの中身は0に近づきます。したがって、Mがどんどん大きくなります。フラッシュの体重はどんどん増えていくのです。最終的にvがcとイコールになると、ルートの中身がゼロになり、体重は無限大になってしまいます。このことは、通常の粒子はどんなに加速しても、質量が重くなるため光速度に達することはできないことを意味しています。

ここで太りすぎたフラッシュにはどいてもらって、mとMを「超光速」のタキオンが走る前後の質量とします。タキオンの速度vはいくら減速しても光速cを超えるので、$(v/c)^2$が1より大きくなり、ルートの中身が負になります。負の数の平方根は、もちろん虚数です。つまり、超光速で走るタキオンの質量Mは、虚数になってしまうのです。

光より遅くは走れず、質量は虚数——さすがに、そんな粒子はありえないのでは？　ということで、いまのところタキオンは、通常の粒子（タキオンと区別して「ターディオン」とも呼ばれます）とはまったく異なる仮想粒子と考えられているのです。

では、このタキオンは時間を逆戻りできるのでしょうか。

超光速で移動できるなら、因果律を破って過去にさかのぼれるので、タイムマシンが可能になりそうです。うまくいけばかつての自分に「その馬券は買いだ！」とかメッセージが送れるようになり、大儲けも可能になります。しかし、残念ながら、それは難しいかもしれません。

質量の変化を表す方程式のmやMを、もとのtやTに換えて、時間の変化を表す方程式に戻します。すると、タキオンが超光速で走るとき、時間も虚数になることがわかります。第9章でお話しした、ホーキングが宇宙の始まりに流れていたと考えた虚時間の世界です。

時間を逆戻りするには、あくまで現実世界の「実数」の時間を、負の時間方向に進まなくてはなりません。「虚時間」と「負の時間」は文字面が一見似ていますが、虚時間は実数の時間ではありません。逆戻りすべき時間とは、そもそも走る時間が違うのです。SFでは、タキオンという名前がキャッチーで響きがかっこいいこともあって、もてはやされているのかもしれませんが、ちょっと人気が先行しすぎている感はあります。

では、タキオンは実際に存在するのでしょうか。超光速の粒子が本当にあれば、タイムマシンは無理でも夢はかきたてられますし、物理学業界でもときどき、「タキオン発見か？」という噂が流れて騒がれることはあります。しかし現在の大勢ではそれも疑問視されていて、たとえば量子力学が発展した場の量子論と呼ばれる理論では、タキオンの実在はかなり否定的です。

ところが、第8章で紹介したブレーン理論では、じつはタキオンは存在するのではないかというちょっと面白い研究があるのです。

この理論では、ブレーンはいわば高次元空間の基礎粒子のようなものなので、私たちが住んでいる空間3次元＋時間1次元のブレーンだけでなく、さまざまなブレーンが存在しています。なにしろ超弦理論では空間は9次元まで許されるので、3から9まで7種類もあります。宇宙初期には、それだけ多種多様なブレーンが無数に存在していたと考えられているのです。そこで疑問が湧いてきます。そんなとっちらかった状態だったのに、なぜブレーンはいま、私たちの3＋1次元がメインになっているのでしょう？　いわれてみれば、不思議な気もします。

ここでタキオンが登場するのです。9次元空間にひしめくさまざまな次元のブレーンが接触したり、衝突したりして、異なる二つの次元が交差すると、ブレーン上にあるタキオン場なるものが、タキオン凝縮という現象を起こし、二つのブレーンがともに消滅する場合があるというのです。虚時間にあるタキオンがもつ不安定性が、ブレーンの消滅に一役買っている、というわけです。このタキオン凝縮によって、ブレーンが淘汰《とうた》されて、私たちの空間3次元のブレーンが残った可能性がある、のだそうです。みなさんには雲をつかむような話だろうと思いますが……。

最終的には、空間7次元と空間3次元のブレーンだけが残るのではないか、と言っている研究者もいます。なんでそうなるの？　と疑問は尽きませんが、もしブレーンの進化論のようなものがわかってきたら面白そうですね。そのときはタキオンも、おおいに存在感を示すはずです。

そして、もしも虚時間を移動するタキオンの観測や操作ができれば、原理的には、因果律を破って超光速通信でメッセージのやりとりができる可能性もないわけではないようです。大儲けも可能かもしれないのです。しかし、いささか込み入った話になるようですので、知りたい方は超光速通信で調べてみてください。

最後にまたアメリカのヒーローものの話ですが、『ウォッチメン』という映画で悪と戦う「Dr.マンハッタン」は、タキオンを使って過去に戻ったり、時間を操作したり、テレポートしたりできる能力をもっています。まさに神のごとくなんでもありで、羨ましいかぎりなのですが、そのビジュアルは、全身ほぼ真っ青でパンツ一枚と、ちょっと気の毒な感じで、顔もいつもほとんど無表情。そんな彼を見ていると、過去に行けても、あんまりいいことないのかなと想像してしまいます。

収縮宇宙のもう一つのシナリオ

次に、マクロなスケールでの時間の逆戻りについてのトピックをみていきます。時間の逆戻りは宇宙の収縮によっても起こる可能性があるわけですが、では、宇宙が収縮するシナリオはサイクリック宇宙しかないのかというと、じつはほかにもあるのです。

それは、この宇宙のかたちが球状で、内部にある物質の重力に宇宙が引っ張られて、膨張から収縮に転じるというものです。この球状宇宙は収縮を続け、やがて一点に凝縮して潰れるという運命をたどります。このような宇宙の末路を「ビッグクランチ」といいます。

ここで記憶力がよい方は、第6章で宇宙のかたちを決める曲率の話になったときに、観測によるとこの宇宙は球状や馬の鞍形ではなく、どこまでも平坦らしいと私が言ったのを思い出されるかもしれません。たしかにそう言いました。しかし、そのときはくわしい説明はしませんでしたが、この話は一筋縄ではいかないのです。

宇宙には「果て」があるかどうかという、シンプルですが奥の深い問題があります。一般的に考えられている「宇宙の果て」は、宇宙の最初に出た光が描く線で、「宇宙の地平線」と呼ばれています。宇宙で最も速いのは光なので、宇宙が始まったときに出た光が届く限界であるこの線こそが、宇宙の大きさを最大にとったときの境界線、つまり「宇宙の果て」であると、宇宙物理学者は考えています。これ自体はもっともな考えです。

しかし、宇宙の地平線の外側には、何もないわけではありません。光が届かないので私たちには見えないだけで、外側にも空間はおそらく無限に広がっていると考えられます。宇宙の地平線が示しているのは、宇宙の仮の大きさにすぎないのです。これと同様に、曲率からみた宇宙のかたちも、あくまでも宇宙の地平線の中にかぎっての話です。観測できる範囲では、きわめて平坦らしいというだけなのです。その外側に、どんな宇宙があるかもわからないし、じつは、どんな宇宙を考えることも可能です。言ってしまえば、何でもありなのです。

だから、たとえば私たちの宇宙くらいのサイズの平坦な宇宙をたくさん集めて、それをまるでサッカーボールのようにつなぎ合わせた大きな宇宙を考えることだって許されます。これならば宇宙全体のかたちは球状で、しかし観測的には（宇宙の地平線サイズでは）平坦な宇宙になるので、収縮するシナリオを考えることも可能でしょう。

ただし、ある研究によれば、このように単に収縮するだけのビッグクランチ宇宙では、エントロピーの関係で時間は正の方向のままであり、逆戻りしないともいわれています。

その点はサイクリック宇宙であれば、収縮と膨張の間にブレーンの衝突という未知なる物理現象を経由していますので、その前後で「時間の矢」がそっくり逆転するようなことが起こっても不思議ではありません。しかし、こちらには第8章でお話ししたように宇宙背景放射の観測では宇宙収縮の証拠が出てこないという否定的なデータもあります。

宇宙が収縮するプロセスとしてはこのようなものが考えられますが、当然ながら、それぞれに乗り越えるべき問題があり、まだまだ発展途上というしかありません。

ブラックホールによる「どんでん返し」

マクロのスケールで時間の逆戻りが起こる可能性として、まったく別のシナリオも考えられています。いささか荒唐無稽ではありますが、大変面白いものです。

ここまで、いろいろな宇宙のかたちを考えましたが、定説どおりのビッグバン宇宙であるとして、その最後はどうなるのでしょうか。現在の宇宙を支配しているダークエネルギーによって、膨張はますます加速し、銀河どうしはさらにどんどん遠ざかり、最後はビッグリップと呼ばれる原子まで引き裂かれる破局を迎えるといわれています。でも、ビッグリップの話なら第9章でもしました。ここで紹介するのは、ブラックホールにからむ別のシナリオです。

宇宙が破局に向かっていても、ブラックホールは永遠に宇宙に残りつづけます。ときにまわりのガスや、ほかのブラックホールと合体して超巨大ブラックホールとなり、銀河の中心にご本尊のように、どっかりと居座りつづけます。まさに宇宙の王様です。

ところが、このブラックホールが蒸発して消えるという衝撃の最期を予想したのが、32歳の若き天才ホーキングでした。その着想は大学の博士課程のころからすでにあったといわれています。17歳でオックスフォード大学に飛び級で入学し、24歳で博士になった彼は、その間にブラックホールを量子的に考えるという着想と、難病ALSを得たのです。

ブラックホールを量子的に考えると、外側との境界線（「事象の地平線」といいます）では、粒子と反粒子がたえず、くっついては消える「対生成」を繰り返すことになります。しかし、ときには事象の地平線に互いが分断されて、片方だけブラックホールに残り、片方は遠くに飛んでいってしまうということも起こりそうです。このとき、粒子でも反粒子でも、飛んでいくのは必ず正のエネルギーをもっているほうで、負のエネルギーをもつほうがブラックホールに残ることにホーキングは気づきました。するとブラックホールは不安定になり、ついには蒸発してしまう！　これがブラックホールの常識をくつがえした大発見、「ホーキング放射」です（図11-2）。そして、このブラックホールの蒸発が、時間の逆戻りに関係してくるかもしれないのです。

ブラックホールが形成されると、そこにはとてつもない大きさのエントロピーが生みだされます。その桁数は10の20乗にもなるというのです。宇宙でこれから、重力によってさまざまな銀河が近づき合体すると、やがては巨大ブラックホールだらけになるかもしれません。このような進化は、宇宙のエントロピー増大にかなり大きく寄与すると考えられます。

しかし、どんなに隆盛を誇ったブラックホールにも、やがて最期のときが訪れます。ホーキン

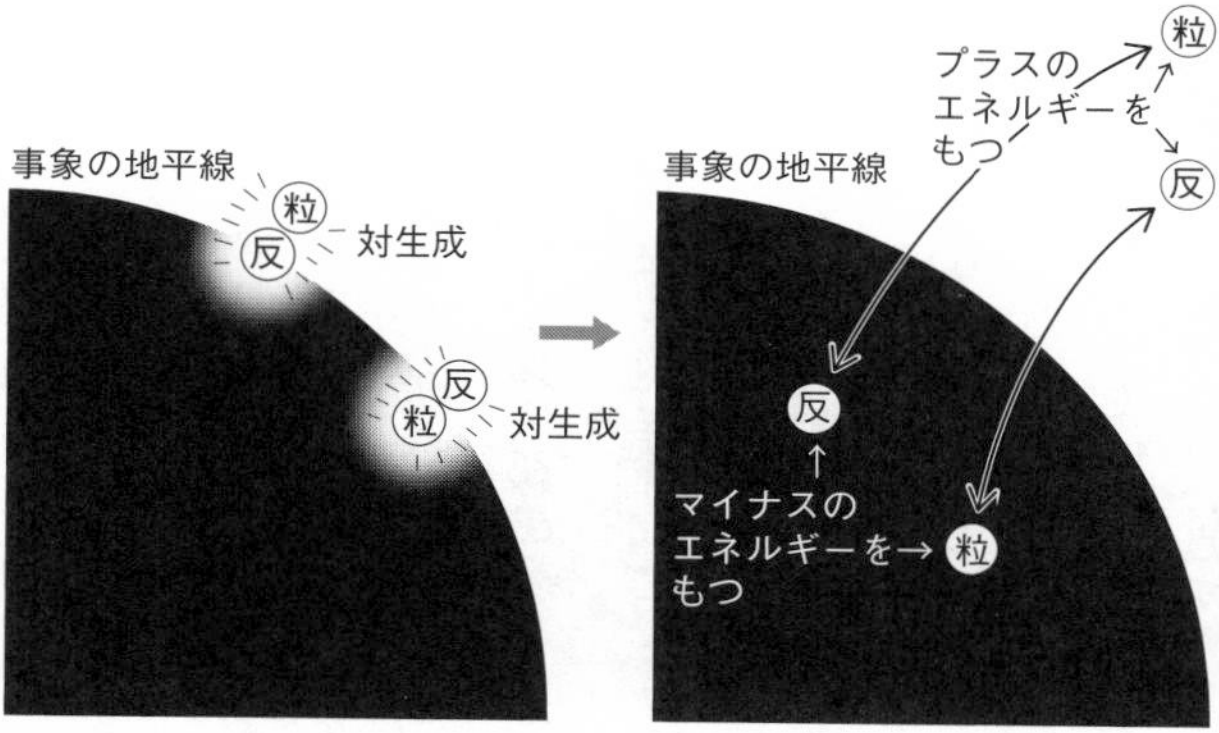

図11-2　ホーキング放射
正のエネルギーをもつものは飛び去り、負のエネルギーをもつものがブラックホールに残る

グ放射による蒸発です。第7章で少しだけふれたように、ブラックホールのエントロピーは表面積の大きさに比例しますので、ブラックホールが蒸発して表面積が消えてしまうと、膨大なエントロピーがどこかへ持ち去られてしまうのです。その影響は、ブラックホールが巨大になっているほど、宇宙全体のエントロピーにとっても小さくないでしょう。

　では、もしもこのブラックホールの蒸発現象が、宇宙がビッグリップに向かうなかで加速されて、宇宙が終わるころにいっせいに起きたとしたら、どうでしょうか。数千億年先の宇宙の終わりに、無数の巨大ブラックホールがいっせいに蒸発を始めるという、すさまじい光景です。

　そのとき、これまでブラックホールの表面積に蓄えられていたエントロピーは、すべて消えていきます。もしかしたらそれは、熱力学の法則すら覆す大転換点となるかもしれません。それを境に、宇宙のエントロピーは減少へ向かい、宇宙は新たな法則にしたがう次のフェイズに移行するとしたら——もちろん「時間の矢」も、にわかに方向を反転させるでしょう。そのとき宇宙は破局を免れ、別の世界へ向かっていくのでしょうか？

このシナリオにはおおいに想像をかきたてられますが、まだまだ仮説ばかりの段階ですので、いまはこの程度にしておきましょう。

宇宙最大級の謎「人間原理」

マクロな話を続けます。ここまで、時間について考えていくことで必然的に、さまざまな宇宙モデルのかたちをみてきましたが、もしも私がどれか一つを選べるなら、サイクリック宇宙にするかもしれません。何十回も同じ歴史が繰り返されているという描像が、私にとっては、もっともリーズナブルで、比較的、納得しやすい宇宙という気がするのです。

というのも、第4章でもふれた、宇宙最大級の謎があるからです。できたばかりの宇宙にあった極小スケールのムラが、銀河や星などの構造をつくる「種」になるには、何者かが揺らぎを観測して固定しなくてはならない、ではいったいそれは誰なのか？　という謎です。このとてつもない難問に、まだしも合点がいくような説明ができそうなのがサイクリック宇宙ではないかと私は思うのです。どういうことか、説明していきましょう。

宇宙の構造ができた原因を、それを観測した知的生命（いちおう人間とされています）に求める考え方を、「人間原理」といいます。あらかじめ言うと、これがはたして科学といえるのか、もはやわからなくなってくる話なのですが、物理学者の間では大真面目に議論されています。それも元はといえば、量子力学があまりにもぶっ飛んでいるからです。

この宇宙の構造が、知的生命の観測によってできるとすれば、この宇宙は知的生命が存在できるような宇宙でなければなりません。つまり、この宇宙は知的生命を生みだすための条件が整うよう調整されているというのが、人間原理というアイデアの根本です。この調整はきわめて精巧になされていて、「ファイン・チューニング問題」といわれることもあるほどです。

宇宙にはさまざまな自然定数があります。ある量とある量の比が、なぜかはわからないけどその値に決まっている、といった天下り的な数字です。たとえば、現在の宇宙の加速膨張を起こしている宇宙項も「宇宙定数」とも呼ばれる定数です。これについては第9章で、宇宙項の正体とも考えられる真空エネルギーの値より宇宙項は120桁も小さい「宇宙項が小さすぎる問題」があるという話をしました。宇宙定数はそれほど微妙にチューニングされているのです。

だからこそ、宇宙の加速膨張の時間が長すぎず、短すぎずに宇宙の構造が安定し、星と惑星ができるまでに、生命が生まれるのにちょうどよい100億年程度がかかり、そして生命もちょうどよいタイミングで生まれたので、それから40億年ほどで知的な存在へと脳を進化させ、宇宙を観測することができた――人間原理では、そのように考えるのです。

自然定数には宇宙定数のほかに、「微細構造定数」と呼ばれる定数もあります。自然界のあらゆることを決める骨格のようなもので、こんなかっこうをしています。

$$\alpha = 2\pi e^2/(hc)$$

この中の光速度 c、プランク定数 h、電荷素量 e も自然定数です。これらの組み合わせで成り立つ微細構造定数 α が、簡単にいえば電気や磁気に関する力の強さを表していて、この値が少しでも変わるとこの世界を構成する酸素や炭素といった原子がとたんに崩壊し、かたちを保てなくなります。そしてこの定数も、人間が存在できるよう絶妙に調整されているのです。

しかし、やはり大きな疑問が湧いてきます。宇宙は人間が生まれるためにチューニングされているのであれば、最初に宇宙の量子揺らぎを観測するのも人間でなければ辻褄が合わないはずですが、人間が宇宙に生まれるのは宇宙ができてから130億年以上も先のことなのです。

――それを観測するのは、将来の汝自身である――

などと気どったラテン語が刻まれた石碑が宇宙空間を漂っているようなSF映画のオープニン

グならともかく、現実に何が起きたのかを考える科学の立場からすると、なんとも不可解です。

謎解きの鍵は「時間の逆戻り」にあり？

ここで、この疑問にある程度は答えてくれそうな宇宙モデルが、サイクリック宇宙なのです。歴史が何度も繰り返される宇宙では、現在の宇宙における過去と未来は、前回までのサイクルですでに関係づけられていると考えられます。たとえば、1回目の宇宙の自然定数はランダムなものであっても、その宇宙で知的生命が生まれれば、その条件が宇宙のどこかに記憶され、それが2回目の宇宙に引き継がれるということがあるのではないか。そう考えれば、人間が生まれる前から人間にちょうどよいように宇宙がお膳立てされているのも、必然性があるように思えてきます（それでも、では最初の宇宙の観測者は誰かという疑問は残りますが）。

じつは私自身は、「泡宇宙」というモデルを考えています。宇宙には私たちが観測できる「宇宙の地平線サイズ」の宇宙が無数に存在していて、これを「泡」と呼ぶと、無数の泡の一つ一つがさまざまな自然定数をもっているという描像です。定数によっては、膨張が早すぎて何もつくれない宇宙もあれば、うまく安定して構造をつくれる宇宙もあるというように、いわば泡の進化のようなことが起こると想定するのです。これなら人間にちょうどよい宇宙ができることも、無数の泡の一つがたまたまそうなったと考えれば納得できます。この泡宇宙モデルは、私がケンブリッジ大学にいる間にどうしてもかたちにしたいと思って研究したテーマです。いつの日か、私たちの宇宙と異なる自然定数をもつ泡宇宙が見つかれば、本当にエキサイティングなことです。

しかしサイクリック宇宙は、人間原理の謎に対してある程度の答えを与えてくれる宇宙モデルであると同時に、これまでのところ、マクロのスケールでの時間の逆戻りを実現させる可能性を最も感じさせるモデルでもあります。宇宙最大級の謎を解く鍵が、時間の逆戻りにあるのかもしれないのです。サイクリック宇宙研究の今後の進展に、ぜひみなさんも注目してください。

それにしても、人間原理は不可解です。というより、それをみちびいた量子力学、さらに自然そのものが不可解というべきなのでしょう。しかし一方で私は、一見するといかがわしい非科学的な考えにも思われがちな人間原理は、じつは深い真理をはらんでいるような気もするのです。

実際のところ、この宇宙を観測できる存在は、まだ私たちしか知られていません。そのことがもつ意味は、やはり大きいと思います。そんな私たちはなぜこの宇宙に生まれたのでしょうか。それは、ただの偶然とかたづけられることなのでしょうか。

ホーキング博士がのこしたこの言葉が、私は大好きです。

——もし宇宙に愛するひとがいなければ、それは大した宇宙ではない——

私たちは自然を愛するために生まれ、自然は私たちに愛されるために存在しているのだと考えてみたら、なんだか素敵な気持ちになります。

みなさん、おつかれさまでした。時間は逆戻りするのかを追いかける旅は、これで終わりです。最後は科学と非科学の境界ぎりぎりにまで話がおよびましたが、それは時間というものが、物理学にとって、そして宇宙にとって究極の深遠なテーマだからです。この旅では白黒をつけるより、時間についての思考を楽しみながら宇宙の不思議さに思いを馳せていただければと思いました。

宇宙はまだまだ謎だらけです。

たとえ研究者ではなくとも、宇宙についてあれこれ想像することは、それこそ知的生命に許された特権です。みなさんもこの旅をきっかけに、ぜひ「考える宇宙旅行」のリピーターになっていただきたいと思います。もうおわかりのように、どんなに奇想天外なことを考えるのも宇宙なら自由です。宇宙はあなたに考えられるのを、今か今かと待っています。

おわりに

ここまで読んでいただき、ありがとうございました。本書は物理の初心者向けに、専門用語をなるべく使わず、イメージで理解できるよう心がけて執筆しました。せっかくなら物理の面白いところをあれもこれも入れたいと欲張った結果、定番の相対性理論や量子力学、エントロピーからマニアックなループ量子重力理論、サイクリック宇宙、虚時間宇宙まで、かなりオールスターな顔ぶれとなりました。これだけてんこ盛りの本も珍しいのではと、そこは自負しています。

その分、やや説明が物足りないところもあるかもしれませんが、そう思われた方はぜひ、次のステップの本を探してトライしてみてください。ブルーバックスなら見つかるはずです（笑）。

担当編集者の山岸浩史さんは偶然にも、私の母校である都立西高の20年先輩でした。初学の方はどんなところが理解しにくいのか、原稿の段階からアドバイスをいただき、いままで気づかなかった部分を知ることができました。本を読むのにも、対話による理解が大事なんですね。本書が対話のような文章運びとなっているのはそのためです。文章校正でも山岸さんと楽しく対話させてもらった雰囲気を感じてもらえればと思います。

その母校で、ちょうど本書の執筆中に、講演する機会がありました。若い後輩たちがたくさんの新鮮な質問を投げかけてくれて、おおいに刺激をうけました。私が彼らと同じ高校生だったのは、ちょうど20年前です。その20年前には山岸さんが高校生だったわけで、本書の打ち合わせ↓講演↓打ち合わせという流れが、過去と未来を行き来しているようで不思議な感覚でした。

本書でみたように、どちらが過去でどちらが未来かは、じつは判然としません。書きながら私も、いつかこの本を手にとってくれる未来のあなたに何かが伝わってくれれば、と願っていました。人間にとって特別な年となった２０２０年のこの世界が、あなたにとって過去なのか未来なのかはわかりません。でも、「時間の矢」がどちらを向いていても、宇宙を見たい、知りたいと思う人間の「知の矢」の方向は変わらない気がします。いま、あなたが住んでいる世界がどうなっていようとも、ときどきはこの本で読んだことを思い出して、うんと突拍子もないことを考える時間をもってください。いつ、どこにいても、家の中ででも、宇宙への冒険はできます。謎に挑もうとするあなたに、宇宙は解き明かされたいのです。

最後に、これまで支えてくれた家族や、妻、そして最愛の二人の息子たちに感謝の意を述べて締めくくりとさせていただきます。

二〇二〇年六月

高水裕一

さくいん

N.D.C.420　270p　18cm

ブルーバックス　B-2143

時間《じかん》は逆戻《ぎゃくもど》りするのか
宇宙から量子まで、可能性のすべて

2020年7月20日　第1刷発行
2021年2月4日　第5刷発行

著者　高水裕一《たかみずゆういち》
発行者　渡瀬昌彦
発行所　株式会社講談社
〒112-8001　東京都文京区音羽2-12-21
電話　出版　03-5395-3524
販売　03-5395-4415
業務　03-5395-3615
印刷所　(本文印刷) 株式会社新藤慶昌堂
(カバー表紙印刷) 信毎書籍印刷株式会社
製本所　株式会社国宝社

定価はカバーに表示してあります。

ISBN978－4－06－520210－4

発刊のことば

科学をあなたのポケットに

二十世紀最大の特色は、それが科学時代であるということです。科学は日に日に進歩を続け、止まるところを知りません。ひと昔前の夢物語もどんどん現実化しており、今やわれわれの生活のすべてが、科学によってゆり動かされているといっても過言ではないでしょう。

そのような背景を考えれば、学者や学生はもちろん、産業人も、セールスマンも、ジャーナリストも、家庭の主婦も、みんなが科学を知らなければ、時代の流れに逆らうことになるでしょう。

ブルーバックス発刊の意義と必然性はそこにあります。このシリーズは、読む人に科学的に物を考える習慣と、科学的に物を見る目を養っていただくことを最大の目標にしています。そのためには、単に原理や法則の解説に終始するのではなくて、政治や経済など、社会科学や人文科学にも関連させて、広い視野から問題を追究していきます。科学はむずかしいという先入観を改める表現と構成、それも類書にないブルーバックスの特色であると信じます。

一九六三年九月　　野間省一